园林植物彩色图鉴

乔木

观赏棕榈

胡绍庆　主编

ARBOR and ORNAMENTAL PALM

中国林业出版社

图书在版编目（CIP）数据

乔木与观赏棕榈／胡绍庆主编.
—北京：中国林业出版社，2011.8
（园林植物彩色图鉴／ 王雁主编）
ISBN 978-7-5038-6291-5

Ⅰ．①乔… Ⅱ．①胡… Ⅲ．①乔木—园林树木—图集
②棕榈—图集 Ⅳ．① S68

中国版本图书馆CIP数据核字(2011)第165732号

出版：中国林业出版社
（100009 北京西城区刘海胡同7号）
E mail：cfphz@public.bta.net.cn 电话：83224477
发行：新华书店北京发行所
印刷：北京顺诚彩色印刷有限公司
版次：2011年9月第1版
印次：2012年1月第2次
开本：889mm × 1194mm 1/32
印张：10
字数：300千字
印数：2001～5000册
定价：68.00元

丛书编委会名单

主　编：王　雁

副主编：胡绍庆、徐晔春、孙光闻、曹玉美

本书编委会名单

丛书出版前言

随着我国社会科学和文明的发展，生态环境的观念越来越受到人们的广泛认可。无论是在城市还是乡村建设中，园林植物都已成为不可缺少的主要成员之一。植物在城乡绿化中主要起着两个方面的作用：一是建设生态环境的作用；一是营造植被景观的作用。前者是通过植物本身的生态功能为人类和其它动物提供一个适合居住的"场所"；后者是满足人类精神层次对美的追求。

自然界的森林是由高低错落的，不同层次的乔、灌、草植物组成的。因此，现代生态城市的园林景观也是由乔、灌、草3个以上层次组成。

乔木在园林中起着骨架的作用，它们能构成景观天际线、形成大范围的风景背景或独立主景、提供浓密的绿荫；灌木属于中间层，与人的视线高度接近，是人在园林中最方便接触、观赏到的植物类群；藤蔓植物作为地被或层间植物承担着乔木与地面、建筑物与地面之间的连贯和过渡；水生植物在营造水面生态环境中起着不可替代的作用；花坛草花包括一二年生草花，多年生宿根、球跟花卉，观叶草本，香草植物等，它们或绚丽斑斓，或淡雅清新，在园林中通常是随季节变化或节庆需要，灵活栽植、变换摆放的种类，往往成为点睛之笔。棕榈植物在园林中主要用于营造热带风情。竹类植物在园林中主要用于营造古典园林或亚热带风情。

苏雪痕先生曾说过：园林工作者至少要认识1000种（品种）植物。每一个园林景观设计师都是给城市、乡村做礼服的"裁缝师"。设计师必须熟悉自己的材料，只有这样，他们的作品才能在充满创意的同时，也具有可行性，他们才能用植物材料作为油彩去绘制美好的景观图画。

岂止设计师，每个生活在园林城市中的人，也很想知道自己城市的"衣服"是用什么材料做的，每天徜徉在花海之中，自然也想对这些花草树木有一些亲近，有一些了解。认识园林植物，其实是每一个人的愿望，不过愿望的强烈程度，随个人的爱好各有差异而已。

"园林植物彩色图鉴"丛书第 批出版4册：乔木与观赏竹、灌木与观赏棕榈、水生与藤蔓植物、花坛草花。丛书介绍了我国园林中普遍应用的1800余种（品种）园林植物，种类涉及全国南北各地。共有3000多张高清晰彩色照片，每一种植物均配有多幅照片，从不同角度全面展现植物的株形、叶形、主要观赏部位及景观效果。辅以简洁的文字，介绍该植物的形态特征、生活习性、鉴别、栽培及应用方法等。本丛书的编排，科主要参考中国植物志的系统排序，属的编排依拉丁学名按英文排序。

本丛书可以作为园林园艺工作者、园林设计工作者、苗木生产人员、苗木经理人员便携的彩色图鉴、工具书；也可以作为园林及相关专业大、中专院校学生及教师认识花卉或栽培花卉的参考书或教材；还可以做为花卉爱好者、自然爱好者、城市市民休闲游览公园或绿地时的科普入门读物。

出版者

2011.6

前言

　　乔木是指有直立而明显的独立主干，且高度达5m以上的木本植物。通常见到的高大树木都是乔木，如：白杨、雪松、香樟、木棉等。乔木按其高度可分为大乔木 (21m以上)、中乔木 (11～20m)、小乔木 (5～10m) 等。乔木按冬季或旱季落叶与否又可分为落叶乔木和常绿乔木。

　　乔木是园林植物的主体和骨架，是园林中的骨干树种，无论在功能上还是艺术处理上都能起主导作用，诸如形成景观天际线、界定空间、决定公园的景观主题和群落的上层结构、形成独立主景、提供绿荫、防止眩光、调节气候等。多数乔木在色彩、线条、质地和树形方面随叶片的生长与凋落可形成丰富的季节性变化，即使冬季落叶后也能展现出枝干的线条美。

　　乔木在街道绿化中，主要是作为行道树来应用的，作用是为车辆、行人庇荫，减少铺装路面的辐射热和反射光，防风，滞尘和减弱噪音，同时美化街道并形成景观。行道树树种选择要求：①主干通直，分枝点高，冠大荫浓，株形整齐，即能遮荫又方便行人和车辆行驶。②整体观赏价值较高，最好秋季叶呈现彩色，冬季可观树形、赏枝干。③能适应城市街道这个特殊的环境，对不良因子有较强的抗性，对各种灾害性气候有较强的抵御能力，干皮不怕阳光曝晒，抗污染，耐损伤，耐瘠薄，根系较深。一般选择乡土树种，也可选用已经长期适应当地气候和环境的外来树种。④梢部萌芽力强、耐修剪，基部不易发生萌蘖，落叶期短而集中，生命力强健，病虫害少，便于管理。⑤寿命较长，生长速度较快，繁殖容易，移植后易于成活和恢复生长，适宜大树移植，经济实用。

　　庭荫树种选择时则应注重其观赏特性，一般要求为大中型乔木，树冠宽大、枝叶浓密、具有独特的观赏价值，如槭树的枝叶婆娑、秋叶红艳，玉兰的满树繁花、宛若琼岛。

　　乔木在园林中应用时还有两点需要特别注意，否则将成为失败的设计：首先，乔木的高度和冠径在一生中会发生很大的变化。选择胸径多少的苗木，在未来的3～10年内可以达到什么样的观赏效果，是每一位设计者必须了解的。尤其寿命长的树种，通常生长缓慢，如采用10年生以下的苗木栽植，要达到其成年的高度和冠径通常需要一个漫长的过程。而设计者的美好蓝图只能让下一代人去感受了。在园林设计中，如在植物的选配上采用慢生树与速生树相结合的方式，则既能使其能快速成景，又能保证长期的观赏效果。更重要的一点是，乔木对环境的要求比灌木高。土壤、湿度，特别是温度，当洪涝、低温超过极限时，乔木的死亡给景观带来的效果是毁灭性的。正因为它们是多年生的，一次栽植后变更的成本会非常高。因此，乔木的选择必须要有长期的考虑。

棕榈植物是的一个特殊的类群，它们主要原产于热带、亚热带地区，在景观形态上的共同点特是：叶片一般很大，且全部集生在茎的顶端。棕榈植物即有高大、独干，如乔木的种类，也有低矮、多分枝，如灌木的种类。它们在园林中主要用于营造热带风情。

近年来，随着我国城乡建设的发展，各种新优苗木不断涌现，使得园林设计、养护、苗木生产、采购人员遇到许多具体的问题。特别是乔木树种一般寿命较长，生长缓慢，一旦引种出错，带来的损失往往在短期内无法弥补。在景观营造上产生的差异也较其他类型植物更明显。

本书介绍了340余种（变种）观赏乔木及棕榈植物。在介绍其名称、科属、形态特征的同时，辅以清晰的叶、花以及植株形态的图片，旨在帮助大家方便地辨识植物种类，避免不必要的差错。此外，书中还着重介绍了这些种类的原产地、适生地区、习性、寿命、成年时间及园林应用。

这些知识即可以帮助园林规划设计、造园者在选择植物种类时作出取舍；也可以帮助园林苗木生产者选择适合自己的经营对象，还可以成为农林专业师生的教学材料，或成为园林植物爱好者、青少年了解、认识园林植物的工具书。

本书在编写过程中，广泛地查阅了各种现有资料，尽可能地修正了一些流行的概念上的混淆。但由于许多新兴应用的植物来源多渠道，尤其从国外引入者所附材料欠缺，导致国内专家们有不同认识。编者水平有限，处理不当之处在所难免，敬请广大读者海涵。并真诚地欢迎读者阅后能提出宝贵意见，以便我们再版时改进。

编　者

2011.5

目 录

7

针叶树种

◉ 除木麻黄外，针叶树种通常是裸子植物的代名词。

◉ 裸子植物的胚珠和种子裸露，不被子房和果皮包被。

◉ 裸子植物的花称球花，雌雄同株或异株，它们多数种类为常绿乔木。

◉ 裸子植物的叶通常为针形、条形、披针形、鳞形，极少数呈带状。

南洋杉

拉丁名：*Araucaria cunninghamii*

别名：鳞叶南洋杉、尖叶南洋杉、肯氏南洋杉　　科属：南洋杉科南洋杉属

原产地：原产于澳大利亚诺和克岛。我国广东、海南、福建等地有栽培作园景树。

　　常绿乔木。为美丽的园景树，可孤植、列植或配植，也可作为大型雕塑或建筑背景树。畏寒、怕旱，既能忍受40℃高温，也能耐－5℃的低温，可在北纬27°左右露地生存，最适于冬、夏温暖湿润的亚热带气候环境中生长。在排水良好的冲积砂质土和黏壤土上生长良好。在华南地区为重要园林树木，生长快，2年生容器苗可造林，5年生以上苗可用于园林造景。北方地区盆栽苗用于前庭或厅堂内点缀环境，十分高雅。

形态特征：在原产地高达70m，幼树至壮年树冠尖塔形，老树则为平顶。大枝平展或斜生，侧生小枝密集下垂，近羽状排列。叶二型：幼树的叶排列疏松，开展，锥形、针形、镰形或三角形，微具四棱；老树和花果枝上的叶排列紧密，卵形或三角状卵形。球果卵圆形或椭圆形。

雄球花

球果

异叶南洋杉

异叶南洋杉

同属常见栽培种：异叶南洋杉（*Araucaria heterophylla*），别名小叶南洋杉、塔形南洋杉；产于我国广东、海南、福建等地。与南洋杉的区别是大枝平伸，小枝平展而下垂。叶二型，幼枝及侧生小枝的叶排列疏松，呈锥形，质软；大树及老枝的叶排列较密，宽卵形或三角状卵形。球果近圆形，苞鳞刺状。园林应用与习性同南洋杉。

异叶南洋杉

辽东冷杉

12

日本冷杉

拉丁名：*Abies firma*
科属：松科冷杉属

原产地：原产于日本。我国大连、青岛、北京、南京、杭州、庐山、台湾等地引种栽培。

　　常绿乔木。树形优美，秀丽可观。适于公园、陵园、广场甬道之旁或建筑物附近成行配植。园林中在草坪、林缘及疏林空地中成群栽植，极为葱郁优美，如在其下点缀山石和观叶灌木，则形、色俱佳。耐阴，幼苗尤甚，长大后喜光、喜凉爽、湿润气候。对烟害抗性弱，生长速度中等，寿命不长，达300年以上者极少见。早期生长缓慢，5年以后生长加快，20年可长成10~15m的大树。

形态特征：高达50m，树冠幼时为尖塔形，老树则为广卵状圆形。叶条形，在幼树或徒长枝上者长2.5~3.5cm，先端成二叉状，在果枝上者长1.5~2cm，先端钝或微凹。球果圆筒形，长12~15cm，苞鳞外露。

臭冷杉球果

臭冷杉雄球花

辽东冷杉

拉丁名：*Abies holophylla*

别名：杉松、沙松杉松冷杉　　科属：松科冷杉属

原产地：原产于我国东北牡丹江流域山区、长白山区及辽宁东部山区，自然生长在土层肥厚的阴坡，干燥的阳坡极少见。北京、杭州有引种，生长良好。

常绿乔木。葱郁优美，适于在东北地区作行道树栽培或于公园、广场、建筑物附近成行配植。华北、华东地区可于园林中在草坪、林缘及疏林空地中丛植或群植。耐阴，喜冷湿气候，耐寒。喜深厚湿润、排水良好的酸性土。浅根性树种。幼苗期生长缓慢，10年后渐加速生长。寿命长。

形态特征：高达30 m，树冠幼时为宽圆锥形，老树宽伞形。一年生小枝淡黄褐色无毛，有光泽，叶条形，长2～4 cm，先端突尖或渐尖，上面深绿色有光泽。球果圆柱形，熟时淡黄褐色，种鳞背面露出。

同属常见栽培种：臭冷杉（*Abies nephrolepis*），别名华北冷杉、臭松、东陵冷杉。原产我国小兴安岭南坡、长白山区及张广才岭，河北小五台山、雾灵山、围场及山西五台山。形态上与辽东冷杉的区别是一年生小枝有毛，针叶先端凹或微裂。姿色较辽东冷杉稍逊。东北、华北、西北等地有栽培。

13

臭冷杉

银杉

拉丁名：*Cathaya argyrophylla*
科属：松科银杉属

原产地：原产于我国广西、湖南、重庆、贵州，生于海拔1000～2000m地带的局部山区。产地气候夏凉冬冷，雨量多，湿度大，多云雾，土壤为黄壤或黄棕壤，微酸性。

  常绿乔木。我国特产的珍稀树种，国家一级保护植物，有树中"大熊猫"之称。树体挺拔秀丽，姿态优美，枝叶茂密，碧绿的叶背面有两条银白色的气孔带，宛如碧玉片上镶嵌的银色花边，每当微风吹拂，银光闪闪，美丽动人。宜孤植于大型建筑前庭或丛植、群植于大草坪中，也可列植。喜光，喜雾、耐寒，对环境要求十分苛刻，因此，虽然其姿容秀美，木材优良，但至今仍为世界植物学界和园林界珍稀的树木种类，有待有志之士开发。它适合用种子繁殖，用扦插法或嫁接法繁殖时成活率低。

形态特征：高达20m左右。树冠塔形，分枝平展，小枝节间上端生长缓慢，较粗，叶扁平线形，螺旋状排列，辐射状散生，下面沿中脉两侧有明显的白色气孔带；幼叶边缘具睫毛。球果两年成熟，卵圆形。

雪松

拉丁名: *Cedrus deodara*
科属: 松科雪松属

原产地: 原产于喜马拉雅山地区，我国自1920年起引种，现在长江流域各大城市中多有栽培。青岛、西安、昆明、北京、郑州、上海、南京等地之雪松均能生长良好。

常绿乔木。树体高大，树形优美，与金钱松、南洋杉、北美巨杉、日本金松合称"世界五大庭院树木"。树冠为尖塔形，主干下部的大枝自近地面处平展，最适宜孤植于草坪中央、广场中心或主要建筑物的两旁等处。如列植于园路的两旁，则形成甬道，亦极为壮观。较喜光，大树要求充足的光照，否则生长不良或枯萎。抗寒性较强，大苗可耐－25℃的短期低温，耐干旱，不耐水湿，在湿热气候条件下，往往生长不良。浅根性，抗风力差。对土壤要求不严，酸性土、微碱性土均能适应。

形态特征: 栽培的10年生树冠为尖塔形，高5~8m；30~50年大树则为宽卵形，大枝一般平展，为不规则轮生，小枝略下垂，叶针状，质硬，在长枝上为螺旋状散生，在短枝上簇生，雌雄异株，稀同株，花单生枝顶。球果椭圆至椭圆状卵形，成熟后种鳞与种子同时散落，种子具翅。

常见栽培品种: 金叶雪松'Aurea'、银叶雪松'Argentea'、垂枝雪松'Pendula'、银梢雪松'Albospica'。

15

雄球花

华北落叶松

拉丁名：*Larix principis-rupprechtii*
科属：松科落叶松属

原产地：原产于我国华北。东北、西北地区有引种栽培。

　　落叶乔木。树姿挺拔优美，叶轻柔而潇洒，可形成美丽的林带，最适合于华北中山以上地区造林绿化。在城市中可于园林中配置应用，但需考虑到其冬季落叶的特性。喜光、耐寒，有一定的耐湿和耐旱力。浅根性树种，在深厚、肥沃、湿润而又透气的洪冲积土上生长良好，略耐盐碱。干旱和瘠薄对其幼苗生长影响较大。寿命长。

形态特征：树冠整齐呈圆锥形。树皮呈不规则鳞状裂开。大枝平展，小枝不下垂，叶窄条形，扁平，长2～3cm，宽约1mm。球果长卵形或卵圆形，种鳞边缘不反曲。

同属常见栽培种：落叶松（*Larix gmelin*，又称兴安落叶松）、黄花落叶松（*Larix olgensis*，又称长白落叶松）、日本落叶松（*Larix kaempferi*，原产日本）、西伯利亚落叶松（*Larix sibirica*，主要分布于新疆）等。落叶松属喜冷凉的气候，能耐－40℃以下的低温，最适合黄河以北及西部较高海拔地区栽培。

黄杉

拉丁名: *Pseudotsuga sinensis*
科属: 松科黄杉属

原产地: 原产于我国中南及西南地区,多呈零星或小块状分布。

　　常绿乔木。树体高大,树形优美,可作风景区造林树种,也可供城市园林造景应用。喜光,喜气候温和、湿度大,土壤为酸性的生境。原产地最高温度28℃,最低−14℃。浅根性,侧根特别发达,可长达10余米,能耐干旱瘠薄,但在土壤深肥之地生长更快。对土壤、气候等因子的适应幅度较宽,抗风力强、病虫害少,具有较强的生态适应特性。球果熟后开裂,种子飞散,自播能力强。

形态特征: 高达50m。叶线形,多少排成二列。长2~2.5cm,宽约2mm,先端有凹陷,下面有两条白色气孔带。球果单生侧枝顶端。下垂。种鳞蚌壳状。

为我国特有种,对研究植物区系和黄杉属分类,分布有学术意义。黄杉属植物间断分布于中国与北美,著名的花旗松(*Pseudotsuga menziesii*)即为该属的北美分布种类。

17

云杉

拉丁名：*Picea asperata*

别名：粗枝云杉、大果云杉、粗皮云杉等　　科属：松科云杉属

原产地：原产于我国青海东部、四川西部、甘肃南部和陕西西部，多分布于海拔3200m以下山地。

　　常绿乔木。树形端正，枝叶茂密，在庭院中即可孤植，也可片植。云杉叶上有明显粉白气孔线，远眺如白云缭绕，苍翠可爱，作庭园绿化观赏树种，可孤植、丛植或与桧柏、白皮松配植，或做草坪衬景。耐阴、耐寒，喜凉爽、湿润的气候和肥沃、深厚、排水良好的中性和微酸性砂壤土。生长缓慢，10～15年生可做园林造景。

形态特征：高达45m，树冠尖塔形。1年生枝褐黄色，疏生或密生短柔毛，稀无毛。冬芽有树脂，宿存芽鳞反曲。叶四棱状条形，长1～2cm，先端尖，四面有气孔线。球果近圆柱形，9～10月成熟。

红皮云杉

白杆

青杆　白杆

同属常见栽培种：青杆云杉（*Picea wilsonii*）白杆云杉（*Picea meyeri*）、红皮云杉（*Picea koraiensis*）、欧洲云杉（*Picea abies*）、日本云杉（*Picea polita*）、台湾云杉（*Picea morrisonicola*）、雪岭云杉（*Picea schrenkiana*）鱼鳞云杉（*Picea jezoensis* var. *microsperma*）等等。

19

球果

青杆雄球花

白杆球果

华山松

拉丁名：*Pinus armandi*

科属：松科松属

原产地：原产于我国华北西部及西北和西南地区。

常绿乔木。树姿高大挺拔，针叶苍翠，冠形优美，生长迅速，是优良的庭院绿化树种。在园林中可用作园景树、庭荫树、行道树及林带树；并系高山风景区之优良风景林树种。喜光，喜凉爽、湿润气候，忌高温、干燥，耐寒力强，在其分布区北部，甚至可耐 −31℃的低温。不耐炎热，高温、干燥是影响其分布的主要原因。喜排水良好，能适应多种土壤。

形态特征：高达35m，树冠宽圆锥形　小枝平滑无形毛，冬芽小，幼树树皮灰绿色，老则裂成为形厚块片固着于树上。叶5针一束，长8~15cm，质柔软，边有细锯齿。球果圆锥状长卵形，长10~20cm，种子无翅。

白皮松

拉丁名：*Pinus bungeana*
科属：松科松属

原产地：我国特产，主产于陕西、山西、河南等地。人工栽培遍于长江以北地区。

　　常绿乔木。树姿优美，干皮斑驳美观，针叶短粗亮丽，孤植、列植均具很高观赏价值。喜光、耐旱、耐干燥瘠薄、抗寒力强，能耐－30℃的干冷气候及pH值7.5～8的土壤，对二氧化碳及烟尘的污染有较强的抗性。是适应范围广、能在钙质黄土和轻度盐碱地上生长良好的常绿针叶树种。深根性，寿命长。幼树枝条自然分布、稠密均匀，不必进行修剪整形，就能形成美丽的树冠。幼树生长较缓慢，一年生苗高仅3～5cm，10年后高达1m左右。一般多用播种繁殖。

形态特征：高达30m。幼树干皮灰绿色，光滑，大树干皮呈不规则片状脱落，形成白褐相间的斑鳞状，极其美观。叶三针一束，叶鞘早落，针叶短而粗硬，长5～10cm。球果圆卵形，种子膜质短翅。

21

华山松、白皮松、油松

湿地松

拉丁名： *Pinus elliottii*
科属： 松科松属

原产地： 原产于美国东南部暖热潮湿，海拔600m以下的地区。在我国自山东平邑以南直至海南岛，东起台湾，西至成都的广大地区内多处试栽，均表现良好。

　　常绿乔木。树姿挺秀，叶翠荫浓，宜丛植作庇荫及背景树，于山间坡地、溪边池畔；宜造风景林和水土保持林。孤植效果一般。喜光，忌荫蔽，耐寒，又能抗高温，能忍耐40℃的绝对高温和－20℃的绝对低温。耐旱，亦耐水湿。根系发达，抗风力强。喜深厚、肥沃的中性至强酸性土壤，在碱土中种植有黄化现象。由于其耐水湿，生长迅速，产脂及产材率都高，用于造林一般8～12年便可成材，在我国南方地区被广泛引种。

形态特征： 树干通直，高30～36m。树皮灰褐色，纵裂呈鳞状块片剥落。冬芽圆柱状，红褐色，粗壮。针叶2～3针一束，长18～30cm，深绿色，边缘有细锯齿。球果长圆锥形，2～3个聚生。

乔松

拉丁名：*Pinus griffithii*
科属：松科松属

原产地：是喜马拉雅山脉分布最广的森林树种。在我国主要分布在西藏南部和云南南部。主要产于国外阿富汗、巴基斯坦、印度、尼泊尔、丹及缅甸等国。

　　常绿乔木。植株挺拔，针叶细长，飘洒秀美，是优良的观赏树种，在城市绿化中可以在绿地上孤植和散植。喜光，稍耐阴，喜温暖、湿润的气候。在疏松肥沃、排水良好的酸性土壤中生长良好。耐干旱、瘠薄。高生长以10～15年间最快，径粗以15～25年间增长最快。100年生平均高度达41m，胸径57cm。据北京引种栽培情况观察，幼苗阶段不耐高温、干燥气候，需庇荫，对中性或微碱性土质尚能适应。

形态特征：高可达70m，树冠阔尖塔型。树皮小块裂片易脱落。枝条开展，当年生枝初为绿色，渐变红褐色，微被白粉。叶5针1束，长10～20cm，细柔下垂，边缘有细锯齿。球果圆柱形。

23

红松

拉丁名：*Pinus koraiensis*

别名：果松、海松　科属：松科松属

原产地：我国产于东北的长白山到小兴安岭一带。国外分布于日本、朝鲜和俄罗斯。

常绿乔木。树干粗壮，伟岸挺拔，可作行道树、风景林。生长缓慢，树龄很长，400年的红松正为壮年，一般可活600～700年。要求温和、凉爽的气候，耐寒力强，在林区冬季－50℃低温下无冻害现象。在土壤pH值5.5～6.5的山坡地带生长好。喜光性强，幼年时期耐阴，随树龄增长需光量逐渐增大。对土壤水分要求较严，不耐湿，不耐干旱，不耐盐碱。浅根性树种，主根不发达，侧根水平扩展十分发达，适合于东北地区园林绿化用。

形态特征：高可达40m，树冠圆锥形，幼树树皮灰红褐色，鳞状开裂，内皮浅驼色，裂缝呈红褐色，大树树干上部常分杈。枝近平展，冬芽淡红褐色，圆柱状卵形。针叶5针一束，长6～12cm。球果圆锥状卵形，长9～14cm，径6～8cm，种子大，倒卵状三角形。

东北地区常见栽培同属植物：樟子松（*Pinus sylvestris* var. *mongolica*）、赤松（*Pinus densiflora*）、长白美人松（*Pinus sylvestris* var. *sylvestriformis*）。

樟子松

长白美人松

马尾松

拉丁名：*Pinus massoniana*
别名：枞树、青松　　科属：松科松属

原产地：原产于我国河南南部、山东南部及以南的广大地区。

　　常绿乔木。江南及华南自然风景区和普遍绿化及造林的重要树种。喜光，不耐阴，喜温暖，适生于年均温13~22℃，年降水量800~1800mm，绝对最低温度－10℃以上的地区。根系发达，主根明显，有根菌。喜微酸性土壤，但对土壤要求不严格，在石砾土、沙质土、黏土、山脊和阳坡的冲刷薄地上，以及陡峭的石山岩缝里都能生长。怕水涝，不耐盐碱。以播种繁殖为主。

形态特征：树冠在壮年期呈狭圆锥形，老年期内则开张如伞状。干皮红褐色，呈不规则裂片。一年生小枝淡黄褐色，轮生。叶二针1束，亦有三针1束的，长叶马尾松的长达30cm，短叶马尾松的仅10cm以内。球果长卵形，长4~7cm，径2.5~4cm。种鳞的鳞背扁平，横不很显著，鳞脐不突起，无刺。

25

日本五针松

拉丁名：*Pinus parviflora*
别名：五钗松、日本五须松、五针松　　科属：松科松属

原产地：原产于日本，分布在本州中部、北海道、九州、四国海拔1500m的山地。我国长江流域各城市、青岛、北京等地引种栽培。常盆栽作盆景。

常绿乔木。干苍枝劲，翠外葱笼，秀枝疏展，偃盖如画，为园林中珍贵树种，一般作重点配置点缀。最宜与假山石及其他阔叶花木配置成景。我国多为整形栽培。经过加工后，悬崖婉垂，古雅挺秀，为树桩盆景之珍品。喜光，稍耐阴。喜生于土壤深厚、排水良好、适当湿润之处。生长速度缓慢。移植时不论大小苗均需带土球。

形态特征：高可达30m。树冠圆锥形。树皮呈不规则鳞片状剥落。冬芽长椭圆形。叶细短，5针一束，长3～6cm，簇生枝端，带蓝绿色。球果卵圆形或卵状椭圆形。

常见栽培品种：银尖五针松'Albo-terminata'，又称白头五针松；短叶五针松'Brevifolia'；矮生五针松'Nana'；旋叶五针松'Tortuosa'；黄叶五针松'Variegata'。

油松

拉丁名： *Pinus tabulaeformis*
科属： 松科松属

原产地： 原产于我国华北和西北地区。

　　常绿乔木。干、枝挺拔苍劲，针叶浓绿，在园林造景中，既可孤植、丛植、对植，也可群植成林。50年以上树姿古雅，树冠成伞盖状铺展，枝干苍劲虬曲，造型奇特，多用于在园林中孤植或丛植，并配以山石作为主要的风景树种。喜光，抗瘠薄，深根性，抗风，在−25℃时仍可正常生长，但怕水涝、盐碱。幼苗生长较慢，一般从第5年起开始生长加速，持续至30年后，生长速度减缓。

27

形态特征： 高达25m。树冠在壮年期呈塔形或广卵形，在老年期呈盘状伞形。小枝粗壮、无毛；冬芽红棕色。叶2针1束，长10~15cm。球果卵形，长4~9cm，可宿存枝上达数年之久；鳞脐有短刺。

火炬松

拉丁名：*Pinus taeda*
科属：松科松属

原产地：原产于美国东南部。我国长江以南地区生长良好，在大连有引种成功。

　　常绿乔木。树姿挺拔优美，主干端直，冠似火炬，除群植作为背景林之外，亦可孤植、丛植用于观赏。喜光、喜温暖、湿润。适生于年均温11.1～20.4℃，绝对最低温度不低于－17℃的地区。对土壤要求不严，耐干燥、瘠薄，能在多种土壤上生长。怕水湿，不耐盐碱。生长迅速（是马尾松的4～5倍），产材及产脂率都高，质量也好，一般在北纬33°以南的亚热带低山、丘陵岗地推广为造林树种。

形态特征：高达30m。下部枝条开展下垂。冬芽椭圆状卵形，芽鳞有反曲的尖头。针叶3针一束，长15～25cm，刚硬，叶缘有细锯齿。球果卵状圆锥形，长6～10cm，鳞盾上有尖锐的横脊和延伸成肥壮外曲刺的鳞脐。

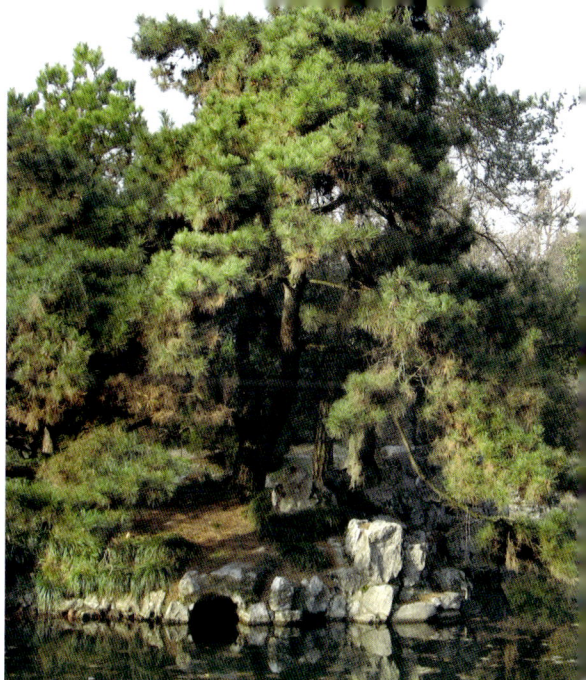

黑松

拉丁名：*Pinus thunbergii*

别名：白芽松、松树　　科属：松科松属

原产地：原产于日本及朝鲜半岛东部沿海地区。我国东南沿海诸省普遍栽培。

　　常绿乔木。树冠葱郁，干支苍劲，为著名的海岸绿化树种，是我国东部和北部沿海地区优良的海岸风景林、防风、防潮和防沙树种。经抑制生长、蟠曲造型后，姿态雄壮，极富观赏价值，是制作树桩盆景的好材料。适生于温暖、湿润的海洋性气候区域，喜光，耐干旱、瘠薄，不耐水涝，不耐寒，耐海雾，抗海风。最宜在土层深厚、土质疏松，且含有腐殖质的沙质土壤中生长。生长慢，寿命长。

形态特征：高达30m。幼树树冠狭圆锥形，老时呈伞形。树皮裂成不规则较厚鳞状块片。小枝粗壮；冬芽银白色，圆柱形。叶2针一束，粗硬，长6～12cm。球果圆锥形，长4～6cm；鳞脐微凹有短刺。

雄球花

金钱松

拉丁名：*Pseudolarix kaempferi*

别名：金松、水树　　科属：松科金钱松属

原产地：我国特产，原产于长江中、下游各地。

　　落叶乔木。树姿挺拔雄伟，叶色多变，秋叶金黄，树冠色彩丰富，为世界五大庭园树种之一。孤植、丛植或组成纯林式树丛均甚得体，亦可对称式配置。喜光，又喜凉爽，耐寒而抗风，适生于湿润多雾，土层深厚、肥沃而排水良好的酸性或中性土山地。其分布区最冷月平均温 2～5℃，最热月平均温 27～29℃，极端最低温 −15～18℃，年降水量 1200～1800mm。土壤为黄壤或黄棕壤，pH 值 5～6。适合长江流域地区栽培。为冰河时期的孑遗树种，适宜引种的北界尚不清楚，有待实验。

形态特征：高达 40m，树皮裂成鳞状块片，大枝不规则轮生，具长枝和距状短枝。叶在长枝上螺旋状散生，在短枝上 20～30 片簇生，伞状平展，线形或倒披针状线形，柔软。球果直立，卵圆形，种鳞成熟时脱落。

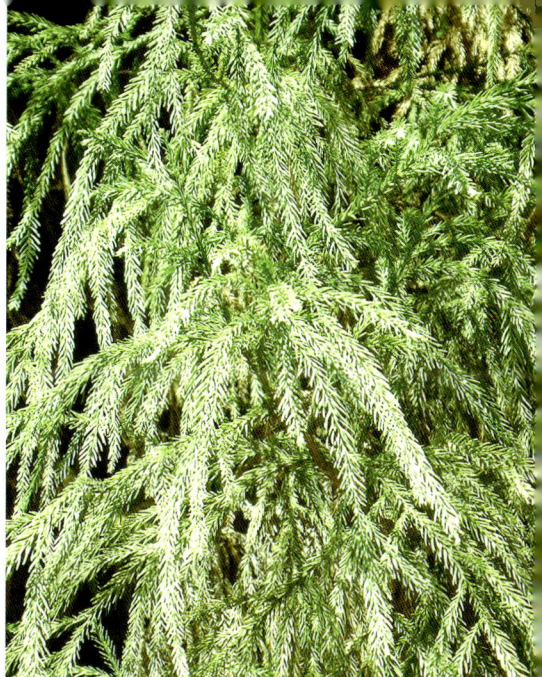

柳杉

拉丁名：*Cryptomeria fortunei*
科属：杉科柳杉属

原产地：我国特有树种。原产于长江流域以南至华南、西南等地，生于海拔400～2500m
的山谷或溪边潮湿林中。在长江以南各地均有栽培。

　　常绿乔木。树干通直、高大，树姿秀丽，纤枝略垂，孤植、群植均极
为美观。幼树稍耐阴，在温暖、湿润的气候和土壤酸性、肥厚而排水良好
的山地生长较快；在寒凉较干、土层瘠薄的地方生长不良。根系较浅，抗
风力差。对二氧化硫、氯气、氟化氢等有较好的抗性。以种子繁育为主。

形态特征：树冠圆锥形，高达40m，胸径可达2m多。树皮红棕色，纤维状，裂成长条片状脱落。叶
钻形，略向内弯曲，先端内曲。球果圆球形或扁球形；种鳞20左右。种子褐色，近椭圆形，扁平，边
缘有窄翅。

31

雄球花

日本柳杉

拉丁名：*Cryptomeria japonica*
科属：杉科柳杉属

原产地：原产于日本。我国华东地区常见栽培。

　　常绿乔木。树形圆整高大，树姿雄伟，最适于道路两旁列植、对植；或于风景区内大面积群植成林；或于庭院、公园中于前庭、花坛中孤植或草地中丛植。喜温暖、湿润、夏季较凉爽的气候，喜深厚、肥沃的沙质壤土，忌积水。对二氧化硫、氯气、氟化氢均有一定抗性。

形态特征：树冠圆锥形，叶锥形，直伸，先端不内曲；球果球状，径1.5～2.5（3.5）cm；种鳞20～30枚，先端裂齿和苞鳞的尖头均较长，每种鳞具种子2～5粒。

常见栽培品种：扁叶柳杉 'Elegans'：灌木，叶扁平柔软。短叶柳杉 'Araucarioides'：叶较硬、短，且长短不等，长叶和短叶在小枝上交错成段。鳞叶柳杉 'Dacrydioides'：小枝细密，叶鳞形或锥状鳞形，排列紧密。千头柳杉 'Vilmoriniana'：矮小灌木，高40～60cm，树冠球形或卵圆形，小枝密集，短而直伸，叶基小，长3～5mm，排列紧密。圆球柳杉 'Compactoglobosa'：高1～2m，侧枝短而密集，成紧密的圆丛。

32

水松

拉丁名：*Glyptostrobus pensils*
科属：杉科水松属

原产地： 原产于我国南部和东南部局部地区。

    落叶或半落叶乔木。为我国特有的单种属植物，第四纪冰期孑遗树种。树形美观，秋叶红褐色，并常有奇特的呼吸根，是优良的防风固堤、低湿地绿化树种。可成片植于池畔、湖边、河流沿岸、水田隙地。喜光，喜温暖、湿润气候，耐水湿，年平均15～22℃为最适温度，能耐40℃高温和10℃以下低温。雨量越充沛对其生长越有利。除盐碱地外的各种土壤上均能生长。

33

形态特征： 树冠圆塔形，高达25m，树皮裂成不规则条片。生于水边或沼泽地时树干基部膨大呈柱槽状，并有露出土面或水面的屈膝状呼吸根。叶鳞形、线状钻形及线形，常生于同一枝上，在宿存枝上的叶鳞形、螺旋状排列；在脱落枝上的叶较长，线状钻形或线形。球果倒卵圆形；种鳞木质。

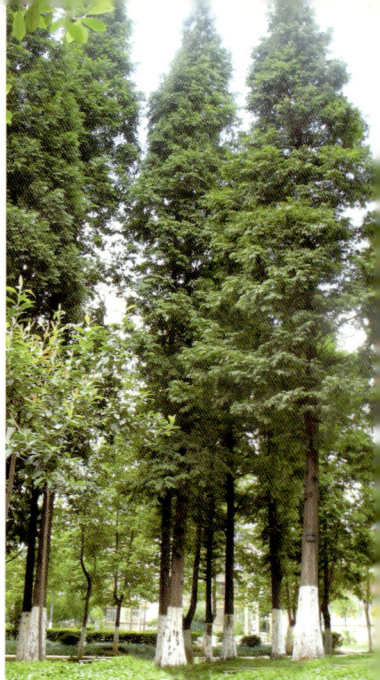

水杉

拉丁名：*Metasequoia glyptostroboides*
科属：杉科水杉属

原产地：原产于我国四川、湖北交界处。现国内外广泛引种栽培。

　　落叶乔木。为我国特有的单种属植物，第四纪冰期孑遗树种。树干通直挺拔，叶色翠绿，秋叶金黄，是著名的庭院观赏树。可于公园、庭院、草坪、绿地中孤植、列植或群植。也可成片成行栽植营造风景林、行道树等。喜光，耐寒，速生，适应性强，在轻盐碱地可以生长（含盐量0.2%以下）。原产地气候温暖、湿润，极端最低温－8℃，极端最高温35.4℃。年降水量1500mm，土壤为酸性山地黄壤、紫色土或冲积土，pH值4.5～5.5。

形态特征：高达50m。幼年树冠窄圆锥形，老则枝条开展，成广椭圆形。树干基部常膨大。树皮条状剥落。小枝下垂对生，叶线形，扁平柔软，交互对生，入冬与小枝同时凋零。球果近圆形，具长柄，下垂。

日本金松

拉丁名：*Sciadopitys verticillata*
科属：杉科金松属

原产地：原产于日本。我国青岛、庐山、南京、上海、杭州、武汉等地有栽培。

常绿乔木。树姿挺拔、秋季针叶金黄美丽，为世界五大庭园树种之一，是名贵的观赏树种。耐阴，有一定的抗寒能力，在庐山、青岛及华北等地均可露地过冬，喜生于肥沃、深厚壤土上，不适于过湿及石灰质土壤。生长缓慢，10年生以上生长加快，至40年为生长最速期。是著名的防火树种，在日本常用于防火道旁列植为防火林带。

形态特征：高可达40m，胸径3m。枝近轮生，水平开展，树冠无论幼年或老年期均为整的尖圆塔形。叶二型：鳞状叶膜质，散生于嫩枝上；扁平条状完全叶叶聚簇枝梢，呈轮生状，每轮20～30。球果卵状长圆形。

北美红杉

拉丁名：*Sequoia sempervirens*

别名：红杉、长叶世界爷　　　**科属**：杉科红杉属

原产地：原产于美国。我国长江以南沿海地区及其云南省均有引种栽培，生长良好。

　　常绿乔木。树姿雄伟，枝叶密生，生长迅速。适用于湖畔、水边、草坪中孤植或群植，景观秀丽，也可沿园路两边列植，气势非凡。耐半阴，喜温暖、湿润和阳光充足的环境，不耐寒，不耐干旱，耐水湿，生长适温18～25℃，冬季能耐－5℃低温。土壤以土层深厚、肥沃、排水良好的壤土为宜。

形态特征：树冠圆锥形，在原产地高可达110m，胸径8m。树皮红褐色，大枝平展。鳞叶条形，贴生小枝上或微开展，排成二列状，无柄，背面有两条白色气孔带。雌球花单生短枝顶端，球果褐色，长2.0～2.5cm，种子内侧有翅。

相近种：北美巨杉（*Sequoiadendron giganteum*，又名世界爷）原产于美国加利福尼亚州。我国杭州等地有引种栽培。常绿乔木，在原产地高达100m以上，胸径达12m，雄伟壮观，干基部有垛柱状膨大物，叶鳞状钻形，螺旋状排列，下部贴生小枝，上部分离部分长3～6mm，先端锐尖。喜光，能耐－20℃低温，喜酸性、肥沃、疏松土壤，亦适应石灰土壤，在排水不良的低湿地生长不良。

北美巨杉

台湾杉

拉丁名：*Taiwania cryptomerioides*
别名：秃杉　　**科属**：杉科台湾杉属

原产地：原产于我国云南、湖北、湖南、四川、贵州、台湾局部地区及缅甸北部局部地区。

常绿乔木。主干发达，树冠成锥形，大枝平展或下垂，小枝下垂。寿命长，生长迅速，浅根性，侧根和须根发达，多集中于80cm的土层中。幼树梢耐阴。为第三纪古热带植物区孑遗植物。优良珍贵用材树种，是台湾的主要造林树种；也是优良的庭园绿化树种。适合长江以南广大地区栽培。

形态特征：高约40m。树皮淡灰褐色，裂成不规则长条形。叶二型，大树之叶棱状钻形，排列紧密，长2～5mm，两侧宽1～1.5mm，幼树及萌芽枝之叶钻形，两侧扁平。球果圆柱形或长椭圆形。

池杉

拉丁名：*Taxodium ascendens*
科属：杉科落羽杉属

原产地：原产于美国东南部。我国于２０世纪初引入，目前在南方许多城市尤其是长江南北的水网地区作为重要造林和园林树种。

落叶乔木。树干挺直，姿态秀美，秋叶棕褐色，是观赏价值很高的园林树种，可孤植或丛植为园景树。可形成圆柱形、伞形、尖塔型３种树冠。特别适合片配植在河滩、湖边及沼泽地等。喜光，喜温，较耐寒，极耐水淹，也相当耐干旱。速生树种，在土层深厚、肥沃、疏松、湿润的酸性土壤中生长最速，植于湖泊周围及河流两岸常出现膝状根。抗风力强。

形态特征：高达２５ｍ。树干基部膨大，在低湿地尤为显著。上部顶生枝宿存，下部无芽小枝与叶同时凋落。叶锥形，柔软，螺旋状排列，扭成圆条状，偶在树冠中下部近于羽状排列。球果近圆球形，种鳞熟时脱落。

墨西哥落羽杉

落羽杉

拉丁名：*Taxodium distichum*
科属：杉科落羽杉属

原产地：原产于美国东部至南部。我国庐山植物园1936年引种，目前在南方的水网地区作为重要的造林和园林树种。

落叶乔木。应用同池杉。

形态特征：外形极似池杉，惟树冠开展，叶线形，扁平，排成羽状二列，可区别。

同属常见栽培种：墨西哥落羽杉（*Taxodium mucronatum*），半常绿或常绿乔木，叶似落羽杉而螺旋状排列，种子较小，耐寒性差，对碱性土的适应能力较强。

墨西哥落羽杉

日本扁柏

拉丁名：*Chamaecyparis obtusa*
别名：白柏、钝叶扁柏、扁柏　　　　科属：柏科扁柏属

原产地： 原产于日本。我国东部地区有引种栽培。

常绿灌木或乔木。树形挺秀，其栽培品种枝叶多姿，或成片伸展若云，或似孔雀之尾。可孤植、丛植或群植作背景树，亦可在整形花坛边角作模纹图案配植。喜凉爽、湿润气候，对土壤要求不严。其幼树苗在平原地区不耐日光直射。

形态特征： 高达40m。小枝扁平，呈水平展开。鳞叶紧贴，先端钝，背面有白线纹。球果圆球形，鳞片8～10个。

常见栽培品种： 云片柏 'Breviramea'，小乔木，生鳞叶的小枝排成规则的云片状；洒金云片柏 'Breviramea Aurea'，与云片柏相似，但顶端鳞叶金黄色；凤尾柏 'Filicoides'，丛生灌木，小枝短，在主枝上排列紧密，鳞叶小而厚，顶端钝，常有腺点，深亮绿色；孔雀柏 'Tetragona'，灌木或小乔木，枝条近直展，生鳞叶的小枝辐射状排列，先端四棱形，鳞叶背部有纵脊。

云片柏

孔雀柏

日本花柏

拉丁名： *Chamaecyparis pisifera*

科属： 柏科扁柏属

原产地： 原产于日本。我国东部地区有引种栽培。

常绿乔木。枝叶细柔，姿态婆娑，孤植、丛植、群植均宜。为庭院中常用配植树种。规则式园林可中列植成篱或整修成绿墙、绿门及花坛模纹，均甚别致。适应平原环境能力较日本扁柏强。幼苗期生长缓慢，待郁闭后始渐茂盛。抗寒力强，耐修剪。

形态特征： 高达20m。叶深绿色，2型，刺叶通常3叶轮生，排列疏松，鳞形叶交互对生或3叶轮生，排列紧密。球果球形，开裂。

常见栽培品种： 绒柏 'Squarrosa'，灌木或小乔木，树冠塔形，小枝不规则着生，不扁平而呈苔状，叶片为柔软的条状刺形，3～4枚轮生；金线柏 'Filifera Aurea'，似绒柏，但叶金黄色；凤尾柏 'Plumosa'，又名羽叶花柏，灌木或小乔木，枝叶紧密，鳞叶较细长而开展，鳞状钻形或稍呈刺状，质软，开展呈羽毛状，整个形态介于原种和绒柏之间。

冲天柏

柏木

拉丁名：*Cupressus funebris*
科属：柏科柏木属

原产地：原产于我国长江以南地区。

　　常绿乔木。枝叶浓密，树姿优美，适于丛植，或对植、列植于门庭两边或道路入口两侧。喜光，耐侧阴，喜温暖、湿润气候，耐干旱、瘠薄，稍耐水湿。对土壤适应性广，尤喜钙质土。

形态特征：小枝扁平，下垂。老叶鳞形，交互对生；幼苗上或老树壮枝上的初生叶为刺形；球果球形，第二年成熟，开裂。

同属常见栽培种：冲天柏(*Cupressus duclouxiana*)，又名滇柏、干柏杉，在我国西南地区应用较多，生长良好。

冲天柏

福建柏

拉丁名：*Fokienia hodginsii*
别名：建柏、滇柏　　科属：柏科福建柏属

原产地：原产于我国东南和西南各地。

　　常绿乔木。树干挺拔雄伟，大枝平展；鳞叶扁宽，蓝白相间，奇特可爱。适于片植、列植、混植或孤植草坪中。为浅根性阳性树种。喜生于雨量充沛、空气湿润的地方，在年平均气温11.5～16.5℃的温暖、凉爽地区生长良好，绝对低温不可超过－12℃。喜酸性或强酸性土壤。在生境优越地生长迅速，树冠15年左右成型，高生长趋缓。适合长江以南地区栽培。

43

形态特征：高达30m或更高。叶鳞形，小枝上面的叶微拱凸，深绿色；下面的叶具有凹陷的白色气孔带。球果翌年成熟，近球形，成熟后开裂。

垂枝杜松

杜松

杜松

刺柏

拉丁名：*Juniperus formosana*
别名：台湾柏　　科属：柏科刺柏属

原产地： 原产于我国长江以南地区。

　　常绿乔木。大枝斜展或直伸，树形美丽，叶片苍翠，四季常青，可孤植、列植形成特殊景观，为优良的园林绿化树种。喜光，耐寒，耐旱，主侧根均甚发达，在干旱沙地、向阳山坡以及岩石缝隙处均可生长，作为岩石园点缀树种最佳。适合长江以南地区栽培。

形态特征： 树冠塔形，高达12m。小枝下垂，三棱形。叶全部刺形，坚硬且尖锐，3叶轮生；表面中脉绿色，两侧各有1条白色气孔带，背面深绿色而光亮。球果近圆球形，肉质，2年成熟。

同属我国北方常见栽种种： 杜松（*Juniperus rigida*），原产于我国华北和东北、西北等地的干燥山地，朝鲜、日本也有。二者区别是杜松叶表面只有1条白色气孔带，无绿色中脉。较刺柏更耐寒，北方各地栽植为庭园树、风景树、行道树和海岸绿化树种。

杜松球果

千头柏

侧柏

拉丁名：*Platycladus orientalis*
科属：柏科侧柏属

原产地： 原产于我国北方，以华北为主；人工栽培几遍全国。

　　常绿乔木。树冠参差，枝叶低垂。生长缓慢，寿命极长，因而被视为长寿、永存的象征，常配植在陵园墓地、甬道、庙宇和名胜古迹等处。园林中可成片种植于山边坡地、草坪边缘或配植成疏林草地；亦可用于道路庇荫或作绿篱。喜光，幼时稍耐阴，适应性强，对土壤要求不严，耐干旱、瘠薄，较耐寒，浅根性，侧根发达，萌芽性强，耐修剪。全国大部分地区均可栽培。抗烟尘，抗二氧化硫、氯化氢等有害气体。在华北地区常用于荒山造林。

形态特征： 高达20m。幼树树冠卵状尖塔形；老时广圆形。小枝排成平面，向上直展或斜展。全部鳞叶，交互对生，球果阔卵形，种鳞4对，熟时张开。

45

金塔侧柏

圆柏

拉丁名：*Sabina chinensis*

别名：桧柏、刺柏、红心柏、珍珠柏　　　科属：柏科圆柏属

原产地： 我国除新疆、东北之外，各地均产；现全国各地均有栽培。朝鲜、日本也有分布。

　　常绿乔木。树形优美；为我国自古喜用之园林树种。喜光，幼树耐庇荫，喜温凉气候，较耐寒。寿命长，萌芽力强，耐修剪。深根性，侧根也很发达。对土壤要求不严。对多种有害气体有一定抗性。

形态特征： 高达20m。青年期树冠呈整齐之圆锥形或尖塔形；老树广卵形。叶2型，幼树或基部徒长枝上叶为刺形，3叶轮生；老枝上的叶为鳞形，对生，紧密贴于小枝上。球果次年成熟，浆果状不开裂，外被白粉。

鹿角桧

球桧

球果

金叶鹿角桧

龙柏

金叶桧

常见栽培品种：球桧'Globosa'，丛生圆球形或扁球形灌木；金叶桧'Area'，植株呈直立窄圆锥形灌木状，叶全为鳞形，新生叶全部为金黄色；金心桧'Aureoglobosa'，为卵圆形无主干灌木，具2型叶，小枝顶部部分叶为金黄色；龙柏'Kaizuka'，树形不规正，枝交错生长，少数大枝斜向扭转，多为鳞叶，仅有时基部萌生蘖枝上有钻形叶；鹿角桧'Pfutzeriana'，丛生灌木，中心低矮，外侧枝发达斜向外伸长，呈鹿角状分叉，多为紧密的鳞叶；塔桧'Pyramidalis'，树冠塔状圆柱形，枝不平展，多贴主干斜生，小枝密集，2型叶，以钻形叶为多，亦名圆柱桧。

同属常见栽培种：北美圆柏（*Sabina virginiana*），原产北美洲，常绿乔木，高达20～30m，树冠柱状圆锥形，枝直立或斜展。叶两型，刺叶交互对生，被有白粉；鳞叶着生在四棱状小枝上，叶背中下部有凹腺体。球果近球形。宜作园景树、行道树，亦可作绿篱。阳性树种，适应性强，耐干旱、瘠薄，有很强的耐阴性，并能耐盐碱，生长速度较圆柏为快，耐修剪。抗污染。我国华东地区栽培较多，全国各地均可栽培，最适合华东、中南、西南等地区。

47

塔冠铅笔柏

铅笔柏

金叶桧

日本香柏

拉丁名：*Thuja occidentalis*
别名：美国侧柏、黄心柏木　　　科属：柏科崖柏属

原产地： 原产于北美洲。我国部分城市有引种栽培。

　　常绿乔木。我国栽培的常呈灌木状。枝条开展，多用于岩石园、盆景等。叶揉碎后有浓郁的苹果香气。喜光，耐阴，耐寒，喜湿润气候。对土壤要求不严，能生长于温润的碱性土中。生长较慢，寿命长，耐修剪。抗烟尘和有毒气体的能力强。

形态特征： 在原产地高达20m，树冠塔形。当年生小枝扁平，2～3年后逐渐变为圆柱形。鳞叶二形，交叉对生，排成4列，两侧的叶成船形，中央之叶菱形或斜方形；鳞叶先端尖，尖头下方有透明隆起的圆形腺点。球果幼时直立，成熟时淡红褐色，向下弯垂。

罗汉柏

拉丁名：*Thujopsis dolabrata*

别名：蜈蚣柏　　　**科属**：柏科罗汉柏属

原产地：原产于日本。我国东部城市及山地有引种。

　　常绿乔木。通常盆栽供观赏；亦可栽于园林中作园景树。喜光，喜生于冷凉、湿润的土地上。幼苗生长极慢，10年生实生苗高仅60cm左右，此后渐速，以20年左右生长最速，至老年期则又缓慢。

形态特征：高达35m，树冠广圆锥形。大枝平展，不整齐状轮生，枝端常下垂。小枝扁平。叶鳞片状，交互对生；叶表绿色，叶背有较宽而明显的粉白色气孔带。球果近圆形，种鳞木质，扁平。

49

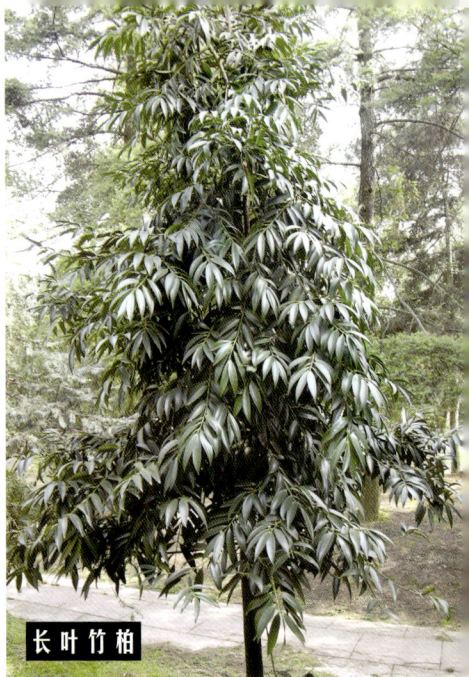

长叶竹柏

竹柏

拉丁名：*Podocarpus nagi*
别名：山杉　　科属：罗汉松科罗汉松属

原产地：原产于我国长江以南各地。日本也有分布。

　　常绿乔木。树干修直，叶形如竹，挺秀美观。在公园绿地中，可丛植于林边、池畔及疏林草地之中。耐阴，忌高温、烈日，喜温暖、湿润气候。在疏松、深厚、富含腐殖质的酸性砂质壤土上长势最盛。幼龄时生长缓慢，5年生以后　逐渐加快，30年生达到最高峰，此后生长逐渐减慢。定植后20年结实。播种或压条繁殖。为中亚热带树种。

形态特征：高达20m。树冠广椭圆形。树干通直。树皮褐色。叶交互对生，排成二列　椭圆状披针形其多条平行细脉，而无明显中脉。雌雄异株。种子球形，成熟时紫黑色，有白粉。

同属常见栽培种：长叶竹柏(*Podocarpus fleuryi*)原产于广东、广西和云南等地。越南、柬浦寨也有分布。高20~30米。叶交叉对生，厚革质，宽披针形或椭圆状披针形，基部窄成扁平短柄，上面深绿色。种子核果状，圆球形。园林应用及习性同竹柏。

小叶罗汉松

罗汉松

拉丁名：*Podocapus macrophylla*
科属：罗汉松科罗汉松属

原产地：原产于我国广东、广西及海南地区，长江以南各省均有栽培。

　　常绿乔木。姿态秀丽葱郁，幼年树枝平展密生，中年后发生不规则之长枝，树姿渐失整齐，需整形修剪。种托紫红，幽雅可观。适于孤植在院落作园景树；或对植、列植，亦可丛植、群植为背景树。也可作绿篱、绿墙和制作树桩盆景。耐阴，忌高温、烈日，耐寒性尚强。喜温暖、湿润气候及肥沃的砂质壤土。

形态特征：高达20m，树冠广卵形。叶线状披针形，螺旋状互生，两面中肋显著突起。种子核果状，卵圆形，种托肉质肥大，紫红色，被白粉。

同属常见栽培种：小叶罗汉松（*Podocarpus brevifolius*），别名小罗汉松，土杉，常呈灌木状，叶呈螺旋状簇生排列，单叶为短条带状披针形，先端钝尖，基部浑圆或楔形，叶革质，浓绿色，中脉明显，叶柄极短。江苏、浙江有栽培，盆栽最佳。

51

小叶罗汉松

鸡毛松

拉丁名：*Podocarpus imbricatus*
科属：罗汉松科罗汉松属

原产地：我国主要产于海南、云南及广西等山区。越南、菲律宾也有分布。

　　常绿乔木。树干挺直高耸，枝叶秀丽奇特，叶形如鸡毛；假种皮红色。是华南地区优良的园林绿化树种。喜温暖、湿润的气候和山地黄壤，是热带山地雨林的标志树种。木材材质优良，为海南的主要用材种和造林树种之一。

形态特征：高达35m。叶螺旋状排列，成龄树或果枝或小枝下部的叶小而紧密，鳞形或钻形；幼树、萌生枝或小枝上部的叶线形，扁平，排成羽状两列。种子核果状，全部被肉质假种皮所包，成熟时假种皮红色。

榧树

拉丁名：*Torreya grandis*
科属：红豆杉科榧树属

原产地：原产于我国东部各地及中南地区。

　　常绿乔木。树干挺直，枝条繁密，适于门庭、院前、大门入口及迴车绿岛中心栽植。园林中宜成片群植于林缘草地、山坡溪谷作常绿基调树，亦可作主景树丛的背景树；若在草坪点缀数株，景色亦殊。幼树呈灌木状，可配植于林下或草坪中。中性树种，幼树需遮荫，喜凉爽、多雾气候，不耐干旱、瘠薄和水湿，能耐寒。在土层深厚的酸性土壤生长良好。寿命长。

形态特征：高达25m，树冠圆整、广卵形。小枝近对生，当年生枝绿色平滑，叶线形，螺旋状着生，扭转成二列，先端有刺状短尖头，中脉不明显。种子核果状，全包藏于肉质假种皮中，翌年成熟，淡紫红色。

我国南方常见栽培。食用的香榧（*Torreya grandis* 'Merrillii'），为本种的园艺品种。

53

东北红豆杉

红豆杉

拉丁名：*Taxus chinensis*

别名：紫杉、赤柏松　　科属：红豆杉科红豆杉属

原产地：原产于我国中部及西南部地区。

常绿乔木。是第四纪冰川遗留下来的古老树种，树形端正，枝叶繁茂，四季常青，古朴高雅，结果时朱实满枝，逗人喜爱，观赏性强，是一种优美的常绿观果树种。适宜植于林荫处，可配植于其他高大乔木林下，作中下层常绿观赏树，与大多数园林植物皆可共生。也可修剪、整形，作盆栽置于室内观赏。耐阴，适应性强，喜酸性土，耐寒，抗旱。侧根发达，萌发力强，耐修剪。

形态特征：高30m。生长缓慢，幼年为灌木状。叶螺旋状互生，基部扭转，成较规则的2列。条形略微弯曲，叶缘微反曲。种子扁卵圆形，有2棱，假种皮杯状，肉质，红色。

云南红豆杉

云南红豆杉

南方红豆杉

从红豆杉科植物的树皮和树叶中提炼出来的紫杉醇对多种晚期癌症疗效突出，因而被公认为是当今世界最重要的天然抗癌药用植物。

同属常见栽培变种及种：南方红豆杉（*Taxus wallichiana* var. *mairei*），原产于我国长江流域以南各地，高达16m。叶片较红豆杉宽长，排列成规则的2列，近镰形，先端渐尖或微急尖，表面中脉隆起，背面有两条黄绿色气孔带，边缘通常不反曲。种子倒卵形或宽卵形，微扁，假种皮杯状，肉质，红色。北方地区常见栽培有东北红豆杉（*Taxus cuspidata*），产于我国东北，叶片排列较紧密，为不规则2列。我国西南地区常见栽培的还有云南红豆杉（*Taxus yunnanensis*），原产于我国云南，叶片质地明显较前3种薄。

南方红豆杉

南方红豆杉

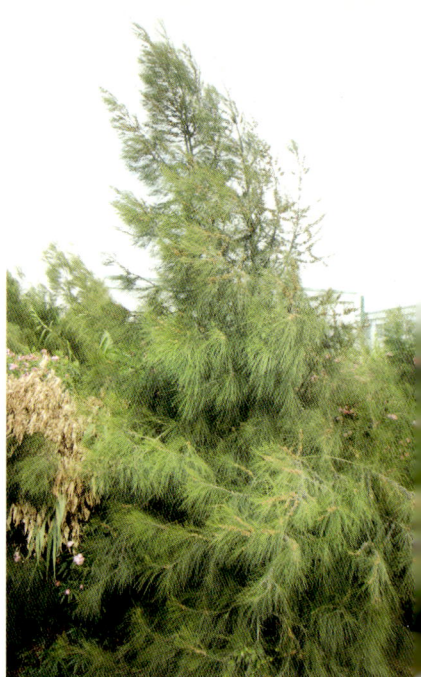

木麻黄

拉丁名：*Casuarina equisetifolia*
别名：木贼麻黄　　科属：木麻黄科木麻黄属

原产地：原产于澳大利亚、太平洋诸岛，我国东南沿海各地均有引种栽培。

　　常绿乔木。姿态优雅，为庭园绿化树种，在城市及郊区亦可做行道树、防护林或绿篱，是我国南方滨海防风园林的优良树种。喜光，喜炎热气候。喜钙、镁，耐盐碱、贫瘠土壤，耐干旱也耐潮湿。根系具根瘤菌。生长迅速，抗风力强，不怕沙埋。栽培15年生树高达15m以上。寿命短，30～50年即衰老。

形态特征：高达30m，树冠塔形，小枝绿色，圆柱形叶状，叶退化呈鳞片状，每节着生鳞片状叶6～8枚。花单性，同株或异株。聚合果椭圆形，小坚果具翅。

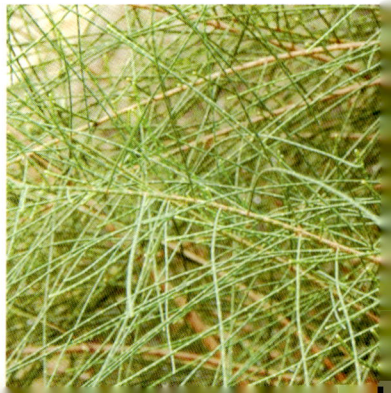

阔叶树种

◎ 除银杏外，阔叶树种通常都是被子植物。它们的叶片通常是宽大的。被子植物的胚珠和种子有子房和果皮包被，花由花萼、花冠、雄蕊群、雌蕊群四部分组成。

◎ 被子植物门分为单子叶植物、双子叶植物两个纲。除棕榈类和竹类之外的树木都属于双子叶植物纲。双子叶植物的胚分化为四个主要部分：胚根、胚轴、子叶和胚芽。它们幼苗的子叶是两个。

◎ 被子植物的茎有韧皮部和木质部。木质部中有导管，韧皮部有筛管、伴胞，使输导组织的结构和生理功能更加完善。

◎ 它们叶的大小、形状和结构很不一致，叶序有互生、对生或轮生。一些种类在冬季或旱季叶片会脱落，以休眠状态渡过逆境。

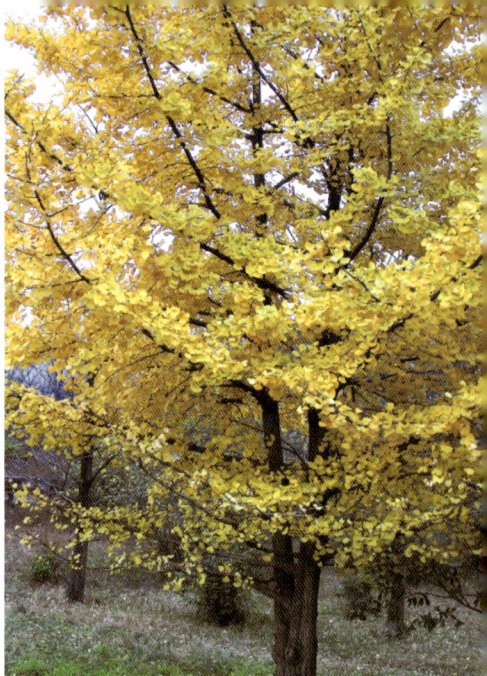

银杏

拉丁名：*Ginkgo biloba*

别名：白果树、公孙树　　科属：银杏科银杏属

原产地： 我国特产，浙江天目山有野生，沈阳以南、广州以北各地均有栽培。在宋时传入日本，18世纪中叶又由日本传至欧洲，以后再由欧洲传至美洲。

　　落叶乔木。是最古老的孑遗树种之一。寿命长，树干端直，树姿挺拔雄伟，极少病虫害；叶形美丽，入秋叶现金黄色。是极好的园林风景树种，孤植、丛植、混植均宜。惟其生长缓慢，应用时需注意。喜光，喜湿润气候，但抗旱性较强，耐寒。深根性，萌蘖性强。喜土层深厚肥沃、排水良好的砂质壤土，酸性、中性及石灰性土壤（pH4.5~8）均能适应。果可食用，叶可药用。

形态特征： 高达40m，树冠广卵形。枝有长枝与短枝之分。叶扇形，具长柄；在长枝上互生，短枝上簇生。种子核果状，椭圆形或圆球形，外种皮肉质，黄色。

常见栽培品种： 垂枝银杏 'Pendula'，小枝下垂；裂叶银杏 'Lacinia'，又称大叶银杏，叶大而缺刻深；黄叶银杏 'Aurea'，叶鲜黄色；斑叶银杏 'Variegata'，叶有黄斑。

种子

雄球花

杨梅

拉丁名：*Myrica rubra*
科属：杨梅科杨梅属

原产地：原产我国温带、亚热带湿润气候的山区，主要分布在长江流域以南，海南岛以北，东南亚各国也有分布。

　　常绿乔木。树冠整齐，枝繁叶茂，绿荫深浓，初夏结实累累。丛植、列植于路边、草坪，或作分隔空间、隐蔽遮挡的绿墙，均甚相宜；或在门庭、院落，点缀三、五株，亦饶有风趣。中等喜光树种，喜温暖、湿润气候。在酸性砂质壤土上生长良好。萌芽力强，要求空气湿度大，长江以北不宜栽培。杨梅为水果，栽培品种果实多甘甜微酸。

形态特征：高可达13m，树冠浑圆，叶厚革质，倒披针形或矩圆状倒卵形，表面深绿色，背面有金黄腺体。核果圆球形，有深红、紫红、白等色，多汁。

新疆杨

银白杨

拉丁名：*Populus alba*
科属：杨柳科杨属

原产地：我国新疆有野生天然林分布，西北、华北、辽宁南部及西藏等地有栽培。

　　落叶乔木。树形高大、挺拔；叶片正面深绿色背面银白色，在阳光照射下有特殊的闪烁效果。在城市绿化中可作行道树，亦可孤植、丛植于草坪。在西北、华北地区可作固沙、保土、护岩固堤及荒沙造林树种。喜光，不耐阴，耐严寒，−40℃下无冻害，耐干旱气候，但不耐湿热，耐贫脊的轻碱土。深根性，根系发达，根蘖强，固土能力强。抗风、抗病虫害能力强。5～20年生树生长较快，20年以后生长下降。

形态特征：高15～30m，树冠卵圆形。树皮白色至灰白色；小枝被白绒毛。萌发枝和长枝叶宽卵形，掌状3～5浅裂；短枝叶卵圆形或椭圆形，叶缘具不规则齿芽。雌雄异株，雄花序长3～6cm；雌花序长5～10cm。蒴果圆锥形，2瓣裂。

新疆杨

加杨

拉丁名: *Populus canadensis*

别名: 加拿大杨、欧美杨   科属: 杨柳科杨属

原产地: 为美洲黑杨与欧洲黑杨之杂交种，现广植于欧、亚、美各洲。我国各地普遍栽培，而以华北、东北及长江流域最多。亚热带南缘及热带地区生长不良。

　　落叶乔木。树体高大，树冠宽阔，叶片大而具有光泽，夏季绿荫浓密，很适合作行道树、庭荫树及防护林用。生长势和适应性均较强。喜光，颇耐寒，对水涝、盐碱和瘠薄土地均有一定耐性，能适应暖热气候。喜湿润而排水良好的冲积土。生长快，12生的树，高可达20m以上。萌芽力、萌蘖力均较强，疏植时需适当修剪整形。

61

形态特征: 高达30m，树冠宽卵形。小枝在叶柄下具3条棱脊，冬芽先端不贴紧枝条。叶近正三角形，边缘半透明，具钝齿，两面无毛。

同属常见栽培种: 新疆杨 (*Populus bolleana*)，狭圆锥形树冠，高达30m。干皮光滑，少开裂。短枝之叶近圆形，有缺刻状粗齿，背面幼时密生白色绒毛；长枝之叶边缘缺刻较深或呈掌状深裂，背面被白色绒毛。根系较深，抗风力强，喜光，耐干旱和盐碱，近年来在北方各地有大量引种栽培。

雌花序

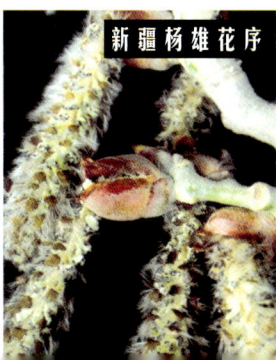

新疆杨雄花序

胡杨

拉丁名: *Populus euphratica*
科属: 杨柳科杨属

原产地: 原产于新疆塔里木盆地和准噶尔盆地。

　　落叶乔木。树形古朴,叶二形而奇特,秋叶金黄,观赏效果极佳。适宜在西北地区园林景观中应用,孤植、列植、群植均可。是亚非荒漠地区典型的替水旱中生至中生植物。长期适应极端干旱的大陆性气候,对温度大幅度变化的适应能力很强,喜光,喜土壤湿润,耐大气干旱,耐高温,也较耐寒。耐盐碱能力较强。

形态特征: 高达30m,长枝和幼苗,幼树上的叶线状披针形或狭披针形,全缘;短枝上的叶卵状菱形、圆形至肾形,先端具2~4对楔形粗齿,雌雄异株,柔荑花序;果穗长6~10cm,蒴果长椭圆形。

是荒漠地区特有的珍贵森林资源,荒漠河岸林最主要的建群树种。对于稳定荒漠河流地带的生态平衡、防风固沙、调节绿洲气候和形成肥沃的森林土壤,具有十分重要的作用。

毛白杨

拉丁名：*Populus tomentosa*
别名：白杨、笨白杨、大叶杨、响杨　　**科属**：杨柳科杨属

原产地：原产于我国，北起辽宁南部、内蒙古，南至长江流域均有栽培。

　　落叶乔木。树体高大挺拔，姿态雄伟，叶大荫浓，是城乡及工矿区优良的绿化树种。也常用作行道树、园路树、庭荫树或营造防护林。强阳性树种，喜凉爽、湿润气候，不耐过度干旱、脊薄，稍耐碱、耐湿。对土壤要求不严，喜深厚、肥沃的沙壤土。抗污染、耐烟尘。深根性，根系发达，萌芽力强，生长较快。寿命长达200年，是杨属中较长的。树干萌蘖力强，疏植时需适当修剪整形。

63

形态特征：高达30m。树冠宽卵形。叶卵形、宽卵形或三角状卵形；叶缘波状缺刻或具锯齿；背面密生白绒毛，后全脱落。叶柄顶端常有2～4腺体。蒴果小。

雌花序

雄花序

旱柳

拉丁名：*Salix matsudana*

别名：柳树、河柳、江柳　　　**科属**：杨柳科柳属

原产地：原产于我国北方，以黄河流域为栽培中心，东北平原、黄土高原、西至甘肃、青海等皆有栽培。

　　落叶乔木。枝条柔软，树冠丰满，是我国北方常用的庭荫树、行道树、防护林及沙荒造林、农村播呐详绿化树种。喜阳，较耐寒，耐干旱，稍耐盐碱。在湿润、肥沃、排水、通气良好的河流冲积土壤上生长最好。生长快，萌芽力强，根系发达，扎根较深，具内生菌根。

形态特征：高达20m。大枝斜展；嫩枝淡黄色或绿色，一般不下垂。叶披针形或条状披针形，先端渐长尖，边缘有细锯齿。雄蕊2，雌花腺体2。

常见栽培变种：馒头柳（*Salix matsudana* f. umbraculifera），分枝密，端稍齐整，树冠自成半圆，状如馒头；绦柳（*Salix matsudana* f. pendula）枝条下垂，形如垂柳状，但雌花腺体2，与垂柳雌花腺体1有区别；龙爪柳（*Salix matsudana* f. tortuosa），枝条扭曲如龙游。

龙爪柳

龙爪柳

龙爪柳

馒头柳

绦柳

垂柳

拉丁名：*Salix babylonica*

别　名：柳树、清明柳、吊杨柳、线柳、倒垂柳　　　**科属**：杨柳科柳属

原产地：原产于长江流域及以南各地平原地区。华北、东北有栽培。

　　落叶乔木。枝条细长，柔软下垂，随风飘舞，姿态优美潇洒，为我国重要的传统园林观赏树种之一。植于河岸及湖池边最为理想；亦可用作道树、庭荫树、固岸护堤树及平原造林树种。喜光，喜温暖、湿润气候，较耐寒，特耐水湿。喜潮湿、深厚之酸性及中性土壤，但亦能生于土层深厚之高燥地区。萌芽力强，根系发达，生长迅速，15年生树高达13m。枝干的生根力极强，扦插易活。

形态特征：高达18m。小枝褐色或绿色，细长下垂。叶互生，披针形或条状披针形，具细锯齿。花雌雄异株，葇荑花序直立，雄蕊2。

粤柳

拉丁名：*Salix mesnyi*

别名：大叶柳　　科属：杨柳科柳属

原产地：原产于广东、福建、浙江等地。

　　落叶小乔木。树干挺拔苍劲，叶宽大、茂密，是一种宽叶的柳树。夏季荫浓。适合于大乔木下层配植，或于庭院中孤植、列植。特别适合湿地种植。喜光，喜温暖、湿润气候及潮湿、深厚之酸性及中性土壤。生长迅速。

形态特征：树皮片状剥落，当年生枝先端密生短柔毛。芽大、短圆锥形。叶革质、长圆形、狭卵形或长圆状披针形，先端长渐尖或尾尖，边缘粗腺锯齿。柔荑花序直立，雄蕊 5～6。蒴果卵形。

67

美国山核桃

拉丁名：*Carya illinoensis*

别名：长山核桃、碧根果、长寿果

科属：胡桃科山核桃属

原产地： 原产于美国。我国南方大部分地区有栽培。

　　落叶乔木。树姿雄伟，可栽作行道树、庭荫树，也可用于营造防风林、防沙林。喜温暖、湿润气候，耐寒、耐水湿，不耐干燥、瘠薄。在平原、河谷之深厚、疏松而富含腐殖质的砂质壤土、冲积壤土上生长迅速，对土壤酸碱度的适应范围较广。

形态特征： 树皮纵裂。羽状复叶互生，小叶11～17，边缘有粗锯齿。雄荑黄花序每束3个；雌花序有花1～6，成穗状。果实长圆形或卵形，外果皮薄，裂成4瓣。核果光滑。

　　其果用栽培品种皮薄，坚果种仁味美，称碧根果，可生食、炒食或作糖果。

胡桃楸

拉丁名： *Juglans mandshurica*

别名： 核桃楸、楸子、山核桃   **科属：** 胡桃科胡桃属

原产地： 原产于华北、东北及陕西、河南等地。朝鲜北部、苏联远东地区也有分布。

　　落叶乔木。叶大荫浓，果实奇特可爱，可做庭荫树或行道树，也可营造混交风景林。喜光、喜湿润生境，耐寒，短期可耐－50℃低温。喜疏松、肥沃的弱酸性土壤，pH值5～6.5。根系发达，萌蘖性和萌芽力较强，天然更新良好，生长较快。适合北方地区栽培。

形态特征： 高达20m，树冠伞形。树皮灰色，浅纵裂。叶互生，奇数羽状复叶，小叶9～17枚，椭圆状披针形，先端尖。花单性，雌雄同株。雄柔荑花序生叶腋，长而下垂；雌花序穗状，常有4～10朵花，直立。花后序下垂，常有5～7个果。核果球形、卵圆形，顶端稍尖；外果皮肉质。果核坚硬，表面有8条纵棱，各棱之间有不规则的皱曲及凹穴。

　　材质坚硬、耐久，纹理美观，为军用及细木工珍贵用材。种仁可榨油或食用。果壳可制活性炭。树皮含单宁，可制栲胶。

69

雄花序

胡桃

拉丁名：*Juglans regia*
别名：核桃　　**科属**：胡桃科胡桃属

原产地：原产于欧洲东南部及亚洲西部。汉代传入我国，在华北、西北、西南及华中等地均有大量栽培，长江以南较少。

　　落叶乔木。树冠宽广，枝叶繁茂，绿荫浓密，可作庭荫树或行道树。喜光，喜温暖、湿润环境，较耐干、冷，不耐湿、热，不耐水淹，不耐盐碱，抗旱性较弱。最适合在排水良好、湿润、肥沃的微酸性至弱碱性壤土或黏质壤土上生长。深根性，抗风性较强。

形态特征：高达35m。树皮灰褐色，幼枝有密毛。奇数羽状复叶，小叶5～9枚，稀有13枚，椭圆状卵形至长椭圆形，全缘；顶生小叶通常较大。花单性，雌雄同株；雄葇荑花序下垂；雌花单生或2～3聚生于枝端，直立。果序短，下垂，有核果1～3，果实球形，外果皮肉质，内部坚果球形，黄褐色，表面有不规则槽纹。
其坚果即核桃，种仁含油量高，可食用、药用或榨油。木材坚实，可制枪托等，内果皮及树皮富含单宁。核桃壳可制活性炭。

70

雄花序

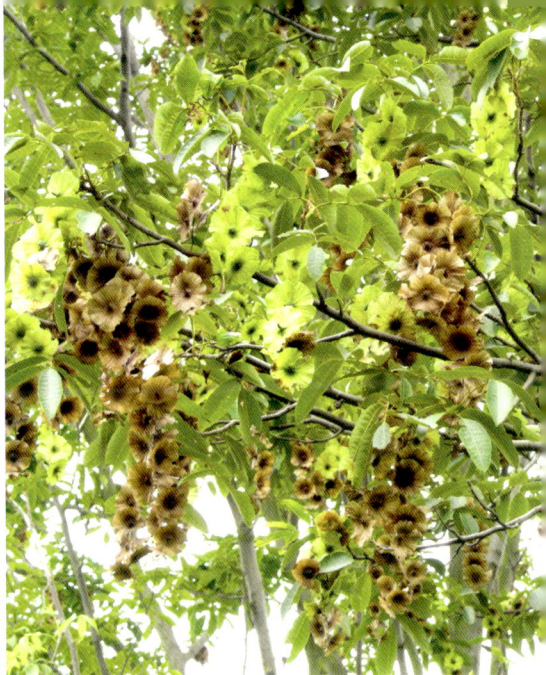

青钱柳

拉丁名：*Cyclocarya paliurus*

别名：铜钱树、摇钱树、麻柳　　　科属：胡桃科青钱柳属

原产地：原产于我国长江以南各地。近年来长江以北有引种，北京地区可正常开花结实。

　　落叶乔木。我国特有种，孑遗植物。单属单种。树姿秀丽，枝干曲展，于夏季可见串串绿色如铜钱状翅果，悬挂枝间，别致而风趣，是集用材、绿化、药用于一身的珍稀树种。可孤植，也可与其他乔木树种搭配点缀于庭园、绿地供观赏。喜光，幼苗稍耐阴，喜温暖、湿润气候，较耐寒，较耐旱，萌芽力强，生长中速。要求深厚、肥沃、湿润的土壤。

形态特征：高10～30m。枝具片状髓，裸芽。奇数羽状复叶，互生；小叶7～9枚，椭圆形或长椭圆状披针形，顶端钝或急尖，边缘具细齿。花为下垂的柔荑花序，雌雄异花。果序轴长25～30cm；坚果具圆盘状翅，连翅直径为2.5～6cm。

71

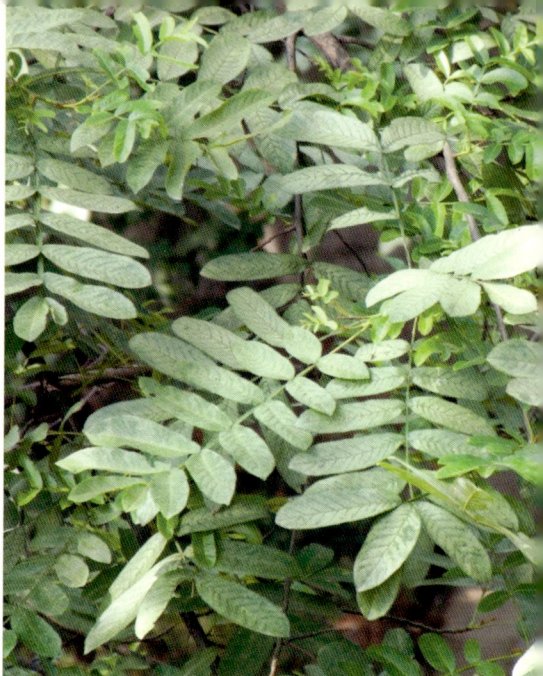

果序

枫杨

拉丁名：*Pterocarya stenoptera*

别名：枰柳、麻柳树、枫柳、蜈蚣柳、平杨柳　　　科属：胡桃科枫杨属

原产地：原产于我国，广泛分布于华北至华南各地，以河溪两岸最为常见。

　　落叶乔木。树冠广展，枝叶茂密。春季嫩绿色翅果整齐排列在成串下垂的总状果穗上，秀丽别致，观赏效果佳。生长快速，既可作为行道树，也可成片种植或孤植于草坪及坡地。喜光，不耐阴，耐水湿，耐寒，耐旱。深根性，以深厚、肥沃的河床两岸生长良好。速生，萌蘖力强。对二氧化硫、氯气等抗性强。

72

形态特征：高达30m，树冠伞形。具柄裸芽，密被锈毛。小枝髓心片隔状。奇数羽状复叶，顶叶常缺而呈偶数状，叶轴具翅；小叶5～8对，缘具细齿。雌雄同株，雄花葇荑花序状；雌花穗状。小坚果，两端具翅。

雄花序

雄花序

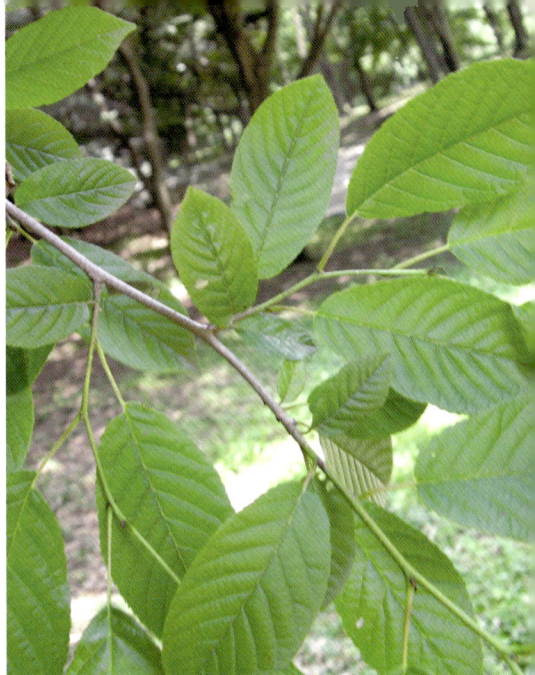

桤木

拉丁名：*Alnus cremastogyne*

别名：水冬瓜、水青冈、赤杨　　科属：桦木科赤杨属

原产地：原产于四川、贵州、甘肃和陕西西等地。长江流域各地有栽培。

　　落叶乔木。适于公园、庭园的低湿地做庭荫树；或混交片植风景林；或作防护林、公路绿化、河滩绿化等。可固土护岸，改良土壤。喜光，喜温，耐水湿。对土壤的酸碱度要求不严，酸性至微碱性土均能适应。根系发达，有根瘤，固氮能力强。速生。适合长江流域各地栽培。

形态特征：高达25m，树冠宽卵形。芽有短柄，小枝无毛，叶长椭圆形，边缘有疏锯齿，雌花序为柔荑状，由多个小聚伞花序螺旋状排列组成。果序矩圆状。1～2生于叶腋，果序柄长4～6cm。

常见栽培种：辽东桤木（*Alnus sibirica*，又名水冬瓜），原产于东北及华北东部，叶近圆形或椭圆状卵形，边缘有粗锯齿，果序2～5个聚生成总状；旱冬瓜（*ferdinandi-coburgii*）果序多数集生于分枝的花梗上。

73

旱冬瓜果序

果序

辽东桤木

白桦

拉丁名：*Betula platyphylla*

别名：桦树、桦木、桦皮树　　科属：桦木科桦木属

原产地：我国主产东北及华北地区，西北及西南部山地也有分布。国外分布于俄罗斯西伯利亚东部，蒙古国东部，朝鲜半岛，日本北部。

　　落叶乔木。树干修直，洁白雅致，枝叶扶疏，姿态优美。孤植、丛植于庭园、公园之草坪、池畔、湖滨或列植于道旁均颇美观，也可组成美丽的风景林。喜光，不耐阴，耐严寒。对土壤适应性强，喜酸性土，沼泽地、干燥阳坡及湿润阴坡都能生长，在冷凉的气候，和疏松、湿润的土壤上生长良好。深根性，耐瘠薄，生长较快，萌芽力强。适合北方地区栽培。

形态特征：高达25m，树冠卵圆形。树皮白色，纸状分层剥离，小枝细，红褐色。叶三角状卵形或菱状卵形，缘有不规则重锯齿。花单性，雌雄同株，柔荑花序。果序单生，下垂，圆柱形。

雄花序

苦槠

拉丁名 ：*Castanopsis sclerophylla*
别名：槠树　　科属：壳斗科栲属

原产地：原产于我国长江以南地区，除岭南、西南不产外，各地均有分布。是亚热带地带性常绿阔叶林的建群种之一。

常绿乔木。枝叶浓郁，树冠圆浑，适于营造风景林；或孤植、丛植于草坪、山麓坡地；亦可作隔音林带的上层树种。耐阴，喜雨量充沛、气候温暖，也耐干燥、瘠薄。在深厚、湿润而排水良好的中性和酸性土壤中生长良好。深根性，主根发达，萌芽力极强。生长较慢，寿命长。适合长江、秦岭以南地区栽培。

75

形态特征：高达20m，树冠顶部浑圆，小枝有棱。叶厚革质，椭圆形，边缘中部以上有锐锯齿，背面带锈黄色，具灰白色蜡层。坚果圆锥形，几乎全被扁球形之壳斗所包围，仅顶端微露。

为优良用材树种；种子含淀粉，可食用。

米槠

拉丁名：*Castanopsis carlesii*
别名：小红槠　　科属：壳斗科槠属

原产地：原产于我国长江以南各地，以东南部、中部及西南部为多。是亚热带地带性常绿阔叶林的建群种之一。

常绿乔木。适于在长江以南地区营造风景林；孤植亦可。耐阴，喜雨量充沛和温暖气候，喜深厚、温润之中性和酸性土，亦耐干旱和贫瘠。为优良用材树种。种子含淀粉，可食用。也是生态和能源等多用途树种。

形态特征：高10～25m，树冠伞形。单叶互生，薄革质，长圆状椭圆形或披针形，前缘或先端有疏锯齿，表面光亮，背面有灰白色蜡层。壳斗近球形，外面疏被细疣状突起或顶部具尖刺；坚果近球形或宽圆锥形。

甜槠

拉丁名：*Castanopsis eyrei*
别　名：圆槠　　科属：壳斗科椆属

原产地：主产于长江以南各地。是亚热带常绿阔叶林的主要组成树种之一。

　　常绿乔木。适于在长江以南地区栽培；适宜营造风景混交林，亦可孤植。耐阴，喜雨量充沛和温暖气候，喜深厚、温润之中性和酸性土，亦耐干旱和贫瘠。为优良用材树种。也是生态和能源等多用途树种。种子富含淀粉，炒食味道好，磨粉蒸糕是民间饥年常见的救荒食品，也是极有特色的地方小吃。

形态特征：高10～20m。树冠伞形。单叶互生，厚革质，长圆状椭圆形或披针形，基偏斜，钝尾尖，前缘或先端有疏锯齿，表面光亮，二年生叶背面银灰色。壳斗顶部的刺密集而较短，通常完全遮蔽壳斗外壁；坚果阔圆锥形。

栲

拉丁名：*Castanopsis fargesii*

别名：丝栗栲、栲树　　科属：壳斗科栲属

原产地：原产于长江以南，南至华南，西达西南，东至台湾省，为栲属中在我国分布最广的一种。

常绿乔木。适应性强，耐阴，耐干旱、瘠薄。喜深厚、温润的中性和酸性土。园林用途同苦槠。

形态特征：高达30m。幼枝、叶下面、叶柄密被红褐色或红黄色粉末状鳞秕。叶长椭圆形或卵状长椭圆形，长7～15cm，全缘或近顶端偶有1～3对钝齿。果序长达18cm。壳斗球形，刺粗短，疏生。坚果1个，卵球形。

青冈栎

拉丁名：*Cyclobalanopsis glauca*

别名：紫心木、青栲、花梢树、细叶桐、铁栎　　　　科属：壳斗科青冈属

原产地：原产于长江以南地区北亚热带落叶、常绿阔叶混交林区。日本、印度也有分布。

　　常绿乔木。树冠广椭圆形，枝叶茂密，树姿优美，宜丛植或群植，可作为境界分隔和背景树。组成树丛和林片时，多作常绿基调树种配植。具抗有毒气体、隔音和防火等功能，厂矿绿化、隔音林、防火林均可选用。为偏阴树种，喜生于温暖、湿润而肥沃的石灰岩山地，在平原排水良好的酸性地上也能适应，但不宜孤植。耐寒力强，是本属常绿树种中分布最北的。

形态特征：高达 22m。叶革质，倒卵状矩圆形或卵状椭圆形，边缘中部以上有疏锯齿，表面深绿色，背面粉绿色。壳斗浅杯状，由 4～8 条环带连成同心环，坚果卵形。

槲栎

拉丁名: *Quercus aliena*
别名: 大叶青冈、青冈树　　　**科属:** 壳斗科栎属

原产地: 原产于我国华北、华南、西南地区。

　　落叶乔木。叶形奇特，秋叶转红，枝叶丰满，可作庭荫树；或与其它树种混交，作风景林。喜光，耐寒，耐干旱、瘠薄。对土壤适应性强。萌芽力强。耐烟尘，对有害气体抗性强。抗风性强。全国各地均可栽培。

形态特征: 高达20m，树冠广卵形。小枝无毛。叶长椭圆状倒卵形、倒卵形，有波状印齿，下面密生灰白色细绒毛。壳斗杯状，小苞片鳞片状，排列紧密，坚果卵状椭圆形。

种子淀粉可酿酒，也可制凉皮、粉条和作豆腐及酱油等，又可榨油。木材坚硬，耐磨力强，可供建筑、家具等使用。

波罗树

拉丁名：*Quercus dentata*

别　名：槲树、柞栎、大叶波罗　　　　科　属：壳斗科栎属

原产地：主要产于我国北部地区，陕西、湖南、四川等地也有分布。

　　落叶乔木。树干挺直，树冠广开展；叶片宽大，叶片入秋呈橙黄色且经久不落。可孤植、片植或与其他树种混植，季相色彩极其丰富。强阳性树种，耐旱、抗瘠薄，适宜生长于排水良好的砂质壤土。深根性，萌芽、萌蘖能力强。寿命长，但其生长速度较为缓慢。有较强的抗风、抗火和抗烟尘能力。

形态特征：高达25m，树冠广卵形。小枝粗壮，具沟槽并密生黄灰色星状绒毛。大型叶片倒卵形，长达30cm，宽达20cm，叶缘有4～10对波状缺裂。壳斗杯形，包围坚果约1/2，苞片棕红色，反卷，小坚果卵形至椭圆形。

嫩叶为养殖柞蚕的主要饲料。其他用途同槲栎。

辽东栎

蒙古栎

拉丁名：*Quercus mongolicus*
别名：柞木、柞栎、蒙栎　　科属：壳斗科栎属

原产地：我国主产于东北、华北、西北各地，华中地区亦少量分布。俄罗斯、日本、蒙古及朝鲜半岛有分布。

　　落叶乔木。孤植、丛植或与其他树木混交成林均适宜，为我国北方营造风景林、防风林、及防火林的优良树种。喜光，高生长较快，喜温凉气候，耐寒性强，能耐－50℃低温，适应性强，耐干旱、瘠薄，35℃以上生长不良。喜中性至酸性土壤。深根性，主根发达，不耐移植。

82

形态特征：高可达30m，树冠卵圆形。小枝粗壮，栗褐色。幼枝具棱。叶常集生枝端，倒卵形或倒卵状长椭圆形，叶缘具深波状缺刻，具7～10对圆钝齿或粗齿。花单性同株，雄花序为下垂柔荑花序。总苞杯状，包果1/2～1/3，壁厚。壳斗外的鳞片背部有瘤状凸起，坚果单生，卵形或长卵形。

同属常见栽培种：辽东栎（*Quercus wutaishanica*），叶缘具5～7对圆钝齿或粗齿，壳斗外的鳞片背部较平整，无瘤状凸起。

雄花序

麻栎

栓皮栎

拉丁名：*Quercus variabilis*
别名：软皮栎、粗皮栎　　**科属**：壳斗科栎属

原产地：原产于辽宁、河北、山西、陕西、甘肃及以南各地。

　　落叶乔木。树干通直，枝条开展，树冠雄伟，浓荫如盖，是良好的绿化观赏树种。喜光，但幼树需遮荫，耐干旱、瘠薄，不耐积水。对气候、土壤的适应性强，能耐 − 20℃的低温。在 pH4～8 的酸性、中性及石灰性土壤中均可生长，而以深厚、肥沃、排水良好的壤土最适宜。根系发达，萌芽力强，易天然萌芽更新。寿命长。适合辽宁以南各地栽培。

形态特征：高达 25 m，树冠卵圆形。树皮深灰色，纵深裂。叶互生；宽披针形，顶端渐尖，基部阔楔形，边缘具芒状锯齿；叶背灰白，密生细毛。壳斗碗状，包坚果 2／3 以上；坚果球形，顶圆微凹。

同属常见栽培种：麻栎（*Quercus acutissima*），高达 25m；树皮暗灰色，浅纵裂。壳斗杯形，苞片锥形，粗长刺状，反曲，包围坚果 1／2，坚果卵球形或长卵形，果脐隆起。园林应用及习性同栓皮栎。
是优良用材树种，老干树皮厚，栓皮可作软木塞及绝缘、隔热、隔音等原材料。种子含大量淀粉。总苞可提取单宁和黑色染料。

83

麻栎

沼生栎

拉丁名：*Quercus palustris*
科属：壳斗科栎属

原产地：原产北美洲。我国东部沿海地区有引种栽培，生长良好。

落叶乔木。树干光洁，叶片宽大，叶缘齿裂，叶面亮丽，秋叶变红，具较高观赏价值。是华北地区向阳温暖地带及河湖湿地的良好绿化树种。喜光，极耐水湿，抗寒性弱。喜温暖、湿润的气候及深厚、肥沃、湿润的土壤，不耐钙质土壤。适宜长江中下游及以南的北亚热带地区栽培。

形态特征：高达 25 m。单叶互生，叶卵形或椭圆形，叶缘具 5～7 缺裂，裂片上再具尖裂。花单性同株，雄花序数条簇生下垂；雌花单生或 2～3 个集生于花序轴上。壳斗皿形，包被坚果 1/4～1/3；坚果长椭圆形，果顶圆钝。

同属常见栽培种：美国红栎（*Quercus rubra*），叶形与沼生栎相似，坚果广卵形，秋叶红色，较沼生栎更鲜亮；园林应用及习性同沼生栎。

朴树

拉丁名：*Celtis sinensis*

别名：沙朴、青朴、粕仔、千粒树　　科属：榆科朴属

原产地：原产于我国淮河流域，秦岭以南至华南各地，村落附近习见。

　　落叶乔木。树冠圆满、宽广，树荫浓郁，最适合公园、庭园、村庄作庭荫树。也可供街道、公路列植作行道树。城市的居民区、学校、厂矿、街头绿地及农村"四旁"绿化都可用，也是河网区防风固堤树种。喜光亦耐阴，适应性强，耐干旱、瘠薄、耐轻度盐碱，耐水湿。喜肥厚、湿润、疏松的土壤。深根性，萌芽力强。抗风，耐烟尘，抗污染。生长较快，寿命长。

形态特征：高达20m。树冠扁球形。叶宽卵形、椭圆状卵形，基部歪斜，中部以上有粗钝锯齿，三出脉，网脉隆起。核果近球形，橙红色，果梗与叶柄近等长。

珊瑚朴

拉丁名：_Celtis julianae_

别名：棠壳子树、沙棠子　　　**科属：**榆科朴属

原产地：原产于我国黄河以南地区。

　　落叶乔木。树体高大，冠大荫浓，春天满树红褐色花序，酷似珊瑚，是优良的观赏树、行道树及工厂绿化、四旁绿化的树种。喜光，略耐阴，适应性强，耐寒，耐旱，耐水湿和瘠薄。不择土壤。深根性，抗风力强。抗污染力强。生长速度中等，寿命长。

形态特征：高达27m，树冠圆球形。单叶互生，宽卵形、倒卵形或倒卵状椭圆形，上面较粗糙，下面密披黄色绒毛，中部具钝锯齿或全缘。花序红褐色，状如珊瑚。核果卵球形，较大，熟时橙红色。

大叶朴

拉丁名：*Celtis koraiensis*

别名：大叶白麻子、白麻子　　科属：榆科朴属

原产地：原产于我国华北、西北及辽宁以南长江以北的广大地区。朝鲜也有分布。

　　落叶乔木。树冠紧凑而浑圆，秋叶亮黄色，是典型的秋景树种。适宜孤植或簇植，适用于街头绿地、公园或庭院。适宜培养成双干及多干的风景树，也可培养成造型树。喜光，耐寒。适生于酸性或中性土壤的平原地区。深根性，抗风，耐火烧，萌发力强。适合长江以北广大地区栽培。

形态特征：高可达15m，树冠浑圆，当年生枝红褐色。叶片广椭圆形、倒卵状椭圆形或广倒卵形，长5～11cm，萌枝上者更大，基部明显不对称，先端常平截或圆形，具尾状长尖，边缘具粗锯齿。核果单生于叶腋，近球形，成熟后暗橙色至深褐色。

榔榆

拉丁名：*Ulmus parvifolia*

科属：榆科榆属

原产地：我国原产于除西藏及云南外的各地。日本、朝鲜亦产。

　　落叶乔木。树形优美，姿态潇洒，树皮斑驳，枝叶细密，在庭院中孤植、丛植，或与亭榭、山石配置都很合适。也可选作厂矿区绿化树种。喜光，稍耐阴，喜温暖气候，适应性广。土壤酸碱均可。生长速度中等，寿命较长。对二氧化硫等有毒气体烟尘的抗性较强。

　　萌芽力强，为制作树桩盆景的好材料。

形态特征：高达15m。树冠广圆形。树干基部有时呈板状根。树皮不规则薄鳞片状剥离。叶革质，椭圆形、卵形或倒卵形，长2～5cm。叶缘有单锯齿。花秋季开放，簇生于当年生枝的叶腋。翅果椭圆形，翅较狭而厚。种子位于果实中央。

榆树

拉丁名: *Ulmus pumila*

别名: 家榆、白榆   **科属**: 榆科榆属

原产地: 原产于东北、华北、西北及华东等地区，现全国各地均有栽培，华北及淮北平原地区栽培尤为普遍。

落叶乔木。冠大荫浓，树体高大。是北方地区四大行道树之一。是北方农村撕呐详绿化的主要树种，也是防风固沙、水土保持和盐碱地造林的重要树种。喜光，耐寒，可耐—40℃低温，耐旱，年降雨量不足 200nn 的地区能正常生长，耐盐碱，不耐水湿。喜土层深厚、排水良好。生长快，萌芽力强，耐修剪，根系发达，抗风、保持水土能力强。虫害多，在暖湿环境尤甚。对烟尘和氟化氢等有毒气体抗性强。

形态特征: 高达 25m，树冠圆球形，小枝灰白色。叶椭圆状卵形或椭圆状披针形，基部偏斜，叶缘不规则重锯齿或单齿。花簇生。翅果近圆形，熟时黄白色。

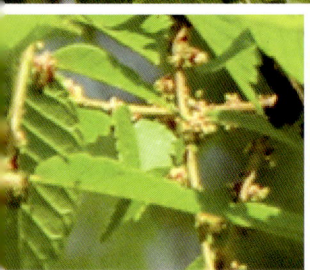

榉树

拉丁名: *Zelkova schneideriana*

别名: 血榉、金丝榔、沙榔树、毛脉榉、大叶榉　　　**科属:** 榆科榉树属

原产地: 原产于淮河及秦岭以南,长江中下游至华南、西南各地。除东北、西北外,各地均有栽培。

　　落叶乔木。树姿端庄,叶入秋变成褐红色,是观赏秋叶的优良树种,常于绿地中孤植、丛植配置或作行道树。也是城乡绿化和营造防风林的好树种。喜光,喜温暖环境,忌积水,不耐干旱和贫瘠。适生于深厚、肥沃、湿润的土壤,对土壤的适应性强,酸性、中性、碱性土及轻度盐碱土均可生长。深根性,侧根广展,抗风力强。生长慢,寿命长。

形态特征: 高达30m,树冠倒卵状伞形。树皮平滑,老时薄片状脱落。单叶互生,卵形、椭圆状卵形或卵状披针形,缘具锯齿。叶秋季变色,有黄色系和红色系两个品系。坚果较小。

木波罗

拉丁名：*Artocarpus heterophyllus*

别名：菠萝蜜、树菠萝　　科属：桑科桂木属

原产地：原产于亚洲热带，在热带潮湿地区广泛栽培。我国岭南地区及云南东南部、福建、重庆南部有栽培。

　　常绿乔木。树姿端正，冠大荫浓。花有芳香，老茎开花结果，富有特色，为优美的庭园观赏树和行道树，也是热带著名的果树。果实硕大、鲜美，园林中可结合生产应用。喜光，喜高温、高湿，忌积水。不拘土质，在酸性至轻碱性黏壤土、沙壤土上均可生长。生长极迅速。

形态特征：高可达 20m，树冠伞形或圆锥形，叶互生，长椭圆形或倒卵形，革质，全缘或偶有浅裂。隐花果卵状椭圆形，常生于树干，大如西瓜，重量可达 50kg，内有数十个淡黄色果囊，果色金黄，味香甜，可食用。

91

构树

拉丁名: *Broussonetia papyrifera*

别名: 构桃树、褚树、褚实子、沙纸树、谷木、谷浆树、假杨梅

科属: 桑科构属

原产地: 原产于我国，除东北地区外，各地都有分布，尤其南方极为常见。

落叶乔木。萌芽力和分蘖力强，树冠形状不整齐，外貌较粗野。但枝叶茂密，且有抗性强、生长快、繁殖容易等许多优点，可用作为荒滩、偏僻地带及污染严重的工厂的绿化树种。叶形多变，具3~5深裂叶片观赏性强，适宜孤植做观赏。强阳性树种，适应性特强，抗逆性强。根系浅，侧根分布很广，生长快，耐修剪。抗污染性强。

树皮为造纸原料，是一种古老的造纸用树种。

形态特征: 高达16m。全株含乳汁。单叶对生或轮生，草质，阔卵形，长8~20cm，基部圆形或近心形，边缘有粗齿，或3~5深裂，两面密生有厚柔毛。雌雄异株，雄花序为腋生下垂的柔夷花序；长6~8cm；雌花序头状。椹果球形，橙红色。

高山榕

拉丁名：*Ficus altissima*

别名：大叶榕　　**科属**：桑科榕属

原产地：原产于我国南部热带、亚热带地区。亚洲热带地区山地都有分布。

　　常绿乔木。树冠广阔，树姿稳键壮观。但树体量太大，根系过于发达不太适宜作行道树。非常适合用作园景树和遮荫树。喜光，耐贫瘠和干旱。抗风和抗大气污染，生长迅速，移栽容易成活。适合华南及云南、四川等地栽培。

形态特征：具少数气根。顶芽被银白色毛。叶互生，草质，卵形或广卵形，少数为卵状披针形，长7～27cm，宽4～17cm，顶端钝急尖或稍钝，全缘，光滑，基出3～5条脉。隐头花序单生或成对腋生，卵球形。

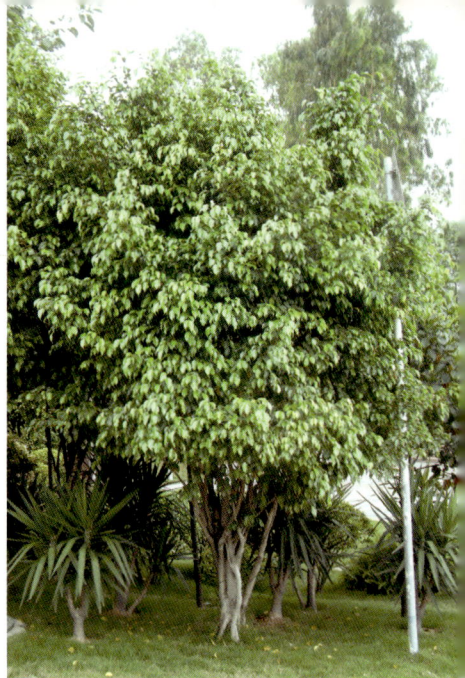

垂叶榕

拉丁名: *Ficus benjamina*

别名: 小叶榕、细叶榕、柳叶榕　　**科属:** 桑科榕属

原产地: 我国原产于南部热带地区。亚洲热带、所罗门群岛及澳大利亚北部等都有分布。

　　常绿乔木。幼株及栽培种株型较矮，可以盆栽欣赏，或在草坪及花坛孤植，可修剪成圆球形、柱形等，并可做绿篱。喜光，喜高温、多湿气候，适宜温度为15～30℃，越冬温度不宜低于5℃，可耐短暂0℃低温，耐阴性强，耐湿，耐瘠薄。耐修剪。抗风耐潮。抗大气污染。

形态特征: 高达30m，具下垂气根形成的树干，小枝柔软下垂。叶互生，薄革质，叶椭圆或阔椭圆形，先端尾状，全缘。隐花果腋生，无柄，径宽1～1.5 cm，熟时黄红。

印度橡皮树

拉丁名：*Ficus elastica*
别名：印度榕、橡皮榕　　科属：桑科榕树属

原产地：原产于印度、马来西亚。我国热带城市栽培广泛；北方多盆栽，冬季入室越冬。

　　常绿乔木。叶片光亮、靓丽，观赏性佳。除可用于公园、庭院、建筑物周围栽培观赏外，可盆栽装饰办公室、客厅及宾馆厅堂。喜光，喜温暖、湿润的环境。不耐寒，不耐阴，较耐旱。喜疏松、肥沃的砂质壤土。生长适温 20～25℃。越冬温度以 10℃ 以上为佳。

形态特征：株高可达 30m 以上。具有乳汁及气生根。叶长圆形至椭圆形，叶面暗绿色，叶背淡黄绿色，革质。

同属常见栽培种：黑叶橡皮树（*F. elastica* `Abidjan`）、花叶橡皮树（*F. elastica* var. *variegata*）。

95

黑叶橡皮树

花叶橡皮树

黄葛树

拉丁名：*Ficus virens* var. *sublanceolata*

别名：黄楠树、黄葛榕、大叶榕、马尾榕、雀树　　科属：桑科榕属

原产地：我国原产于华南、西南地区，陕西、湖北也有。亚洲热带至所罗门群岛及澳大利亚北部等都有分布。

　　落叶乔木。树冠庞大，浓荫如盖。新叶绽放后鲜红色的托叶纷纷落地，甚为美观。适宜栽植于公园湖畔、草坪、河岸边、风景区，适合孤植或群植造景，也可用作行道树。喜光、耐旱、耐瘠薄，适应能力特别强，耐寒性较榕树稍强。在四川、重庆栽培普遍。适合南方地区栽培。

形态特征：高15～26m，树冠广卵形，有气生根。单叶互生。叶薄革质，长椭圆形或卵状、椭圆形，长8～16m，全缘；叶面光滑无毛，有光泽。隐花果近球形，径5～8mm，熟时黄色或红色。

榕树

拉丁名: *Ficus microcarpa*

别名: 细叶榕、小叶榕、榕树须、细叶椿　　　**科属**: 桑科榕属

原产地: 我国原产于华南地区。亚洲热带各地及澳大利亚北部也有分布。

　　常绿乔木。枝叶茂密，树冠开展，可作行道树，最适合作庭荫树栽植。多年生的孤植树其枝条可向四面无限伸展，枝上下垂的气根入土后形成支柱根，形成稠密的丛林，被称为"独木成林"，蔚为奇观，还可制作盆景、绿篱树或修剪造型。喜光，也颇耐阴，喜温暖、湿润气候，越冬温度需在5℃以上，耐水湿。喜酸性土壤。树性强健，适合在岭南地区栽培。

形态特征: 高20～30m，树冠巨大，枝条上会生长出如须的下垂气生根，伸入土壤形成新的树干，称之为"支柱根"。叶革质，椭圆形、卵状椭圆形或倒卵形，颜色呈淡绿色。隐花果单生或成对生于叶腋，扁倒卵球形，乳白色，成熟时黄色或淡红色。

97

菩提树

拉丁名： *Ficus religiosa*

别名： 印度菩提树、觉悟树、智慧树　　　**科属：** 桑科榕属

原产地： 原产于印度。我国华南及西南地区均有栽培。

　　常绿乔木。树冠广展，枝叶扶疏，树姿美观；叶片绮丽，不沾灰尘，是一种生长慢、寿命长的常绿风景树。菩提树的梵语原名为"毕钵罗树"（Pippala），因佛教的创始人释迦牟尼在菩提树下悟道，得名为菩提树。它被看作圣树的象征，在佛教寺院多有栽培。适宜栽植于街道、公园作行道树。喜温暖、多湿、阳光充足和通风良好的环境，较耐寒。以肥沃、疏松的微酸性沙壤土为好。

形态特征： 树高15m，树冠为波状圆形。树干凹凸不平。树枝有气生根，下垂如须。单叶互生，近革质，三角状卵形，全缘或波状，先端尾状。隐头果成对腋生，无总梗，扁球形，无柄，成熟时紫黑色。

连香树

拉丁名：*Cercidiphyllum japonicum*

别名：五君树、山白果　　科属：连香树科连香树属

原产地：原产于我国，主产于长江流域，零星分布于阔叶林中。国家二级保护植物。

　　落叶乔木。为古老、稀有的珍贵树种，树干通直，寿命长，树姿雄伟，叶型奇特美观，新叶紫色，秋叶黄色或红色，是观赏价值很高的园林绿化树种。喜冬寒、夏凉气候，耐阴性较强。深根性、抗风、耐湿，生长缓慢，萌蘖性强。喜中性、酸性土壤。国家二级保护植物。

形态特征：高达20～40m。树皮呈薄片剥落。有长枝和距状短枝，无顶芽。叶在长枝上对生，在短枝上单生，近圆形或宽卵形，边缘具圆钝锯齿，齿端具腺体。花雌雄异株，先叶开放或与叶同放，腋生，骨葖果2～6，微弯曲，熟时紫褐色。

99

银桦

拉丁名：*Grevillea robusta*
科属：山龙眼科银桦属

原产地：原产于澳大利亚东部。现广泛种植于世界热带、暖亚热带地区。我国华南、西南地区有栽培。

　　常绿乔木。树干通直，高大伟岸，树冠整齐，宜作行道树、庭荫树；亦适合农村"四旁"绿化或营造速生风景林。喜光，喜温暖、凉爽的环境，不耐寒，耐一定的干旱和水湿。对土壤要求不严。在华南地区生长不良，在较为凉爽的西南地区生长较好。

形态特征：高可达25m，幼枝、芽及叶柄密被锈色茸毛。叶互生，二回羽状深裂，裂片6～10对，披针形，第2次裂片全缘或再分裂，背密被银灰色丝毛，边缘反卷。总状花序，单生或数个聚生于无叶的短枝上。蓇葖果卵状矩圆形，多少偏斜。

红花银桦

披针叶八角

拉丁名：*Illicium lanceolatum*

别名：莽草、红毒茴、窄叶红茴香

科属：木兰科八角属

原产地：原产于我国长江下游及以南各省。

　　常绿灌木或小乔木。树型优美，叶厚翠绿，花红色或深红色，娇艳可爱。聚合蓇葖果8～12角，轮状排列，十分奇特。可作为园林绿化及生态林配植树种。极怕晒，耐阴，配置时只宜作为第二层乔木，上层必须有大乔木遮荫。喜肥沃、湿润的土壤。

　　本种蓇葖果有剧毒，不可作八角茴香的代用品。

形态特征：高3～8m。叶互生或聚生于小枝上部，革质，倒披针形或披针形。花1～2朵腋生；花被片10～15，内面深红色；心皮8～12。蓇葖果木质，顶端有长而弯曲的尖头。

101

八角

拉丁名: *Illicium verum*

别名: 大茴香、八角、八月珠　　**科属:** 木兰科八角属

原产地: 原产于福建、广东、广西、贵州、云南等地。

常绿乔木。本种果实为我国特产香辛料和中药，也是居家必备调料。其果实较披针叶八角大，其角端无向上弯曲的鸟喙状尖头。园林应用与习性同披针叶八角。

形态特征: 株高10～20m。枝密集，成水平伸展，单叶互生，叶片革质，椭圆状倒卵形至椭圆状倒披针形。春季花单生于叶腋，粉红色至深红色。聚合蓇葖果6～8角放射星芒状，蓇葖顶端钝。

杂交鹅掌楸

鹅掌楸

拉丁名： *Liriodendron chinense*

别名： 马褂木、双飘树　　　**科属：** 木兰科鹅掌楸属

原产地： 原产于我国长江流域以南地区，西部分布较多。现全国各地广为引种，在北京生长良好。

　　落叶乔木。叶形奇特，秋叶金黄，树形端正挺拔，是珍贵的庭荫树，很有发展前途的行道树。丛植于草坪、列植于园路，或与常绿针、阔叶树混交成风景林效果都好，也可在居民新村、街头绿地配置各种花灌木点缀秋景。中性偏阴性树种，喜温暖、湿润气候，不耐干旱、贫瘠，忌积水。在湿润、深厚、肥沃、疏松的酸性、微酸性土上生长良好。树干大枝易受雪压、日灼危害。对二氧化硫有一定抗性。生长较快，寿命较长。

形态特征： 高达40m，树冠倒卵形。叶马褂状，长12～15cm，近基部有1对侧裂片，上部平截。花杯状、黄绿色，外面绿色较多而内方黄色较多。花被片9，清香。聚合果纺锤形，翅状小坚果钝尖。

北美鹅掌楸

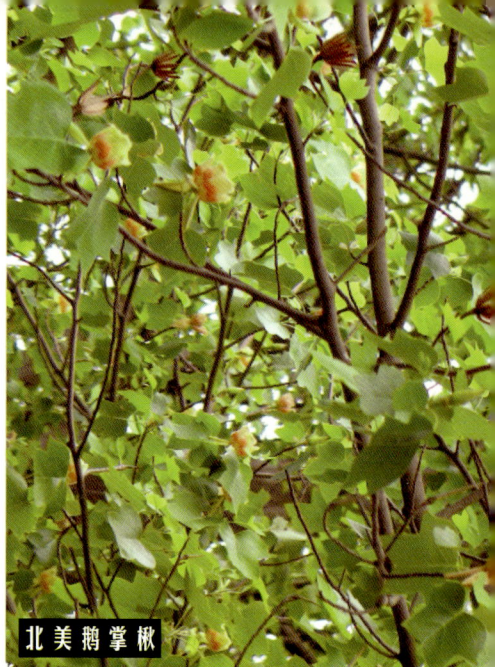
北美鹅掌楸

同属常见栽培种：北美鹅掌楸（*Liriodendron tulipifera*），原产于北美，华东地区有栽培，干皮光滑，鹅掌形叶两侧各有 1～2 裂，花瓣浅黄绿色，在内方近基部有显著的火焰状橙黄色斑；杂交鹅掌楸（*L. chinense × tulipfera*），具杂交优势，抗逆性与生长特性均明显优于鹅掌楸。

104

北美鹅掌楸

北美鹅掌楸

厚朴

拉丁名：*Magnolia officinalis*
科属：木兰科木兰属

原产地：原产于我国陕西、甘肃、四川、贵州、湖北、湖南、广西等地。在长江流域及以南地区多有栽培。长江以北也有引种。

　　落叶乔木。叶大浓荫，花大而美丽，为我国特有的珍贵树种，可作庭园观赏树及行道树。中生偏阳性树种，喜凉爽、多云雾、相对湿度大的气候环境。在土层深厚、肥沃、疏松、排水良好的微酸性或中性土壤上生长较好。生长快，萌生力强。5 年生以前生长较慢，20 年生高达15m。

形态特征：高15m。树皮厚，有辛辣味，小枝粗壮。叶集生枝顶，革质，倒卵形或倒卵状椭圆形，侧脉 20～30 对。花与叶同时开放，单生枝顶，白色，芳香，直径15～20cm。聚合果长椭圆状卵圆形或圆柱状，蓇葖木质，顶端有向外弯的喙。

同属常见栽培种：凹叶厚朴（*Magnolia officinalis* subsp. *biloba*），树皮稍薄，叶较小而狭窄，呈狭倒卵形，先端有明显凹缺。北京地区有引种，并已多年安全越冬。

凹叶厚朴

凹叶厚朴

玉兰

拉丁名： *Magnolia denudata*

别名： 白玉兰、木兰、玉兰花、玉堂春   **科属：** 木兰科木兰属

原产地： 原产于我国中部，现北京及黄河流域以南均有栽培。

　　落叶乔木。树体壮实、伟岸，生长势壮，花朵大，花形俏丽，开放时溢发幽香，花团锦簇，洁白无瑕，是名贵的观赏植物。多在亭、台、楼、阁前栽植，或于道路两侧与行道树混栽。喜光，较耐寒，爱高燥，忌低湿，渍水易烂根。喜肥沃、排水良好而带微酸性的沙质土壤，在弱碱性的土壤上亦可生长。对有害气体的抗性较强。

形态特征： 高达25m。树冠圆锥形或倒卵形。冬芽密被淡灰绿色长毛。叶互生，倒卵形，先端突尖。花单生枝顶，先叶开放，白色，有清香，花瓣9片，肉质。聚合果圆柱形，成熟时转红褐色。种子红色。

紫玉兰

二乔玉兰

二乔玉兰

紫玉兰

二乔玉兰

黄山木兰

天女木兰

同属常见栽培种：二乔玉兰（*Magnolia soulangeana*），为玉兰（*M. denudata*）和紫玉兰（*M. liliflora*）的杂交种，由 Soulange-Bodin 在 1820～1840 年间杂交育成，性状变异较大，介于二亲本之间，耐寒性优于二亲本，国内外庭园中均常见栽培；望春玉兰（*Magnolia biondii*，又名望春花），小枝暗绿色，无毛，叶基本为长圆状披针形，外轮花被萼片状，内两轮近匙形，为华中、华北各地园林绿化树种；黄山木兰（*Magnolia cylindrical*），花被片紫红色、白色，外轮被片萼片状，蓇葖表面具小瘤状突起，华东各地园林中有栽培；宝华玉兰（*Magnolia zenii*），原产江苏省句容县宝华山，花被片匙形，上部白色，下部紫红色，花丝红色，聚合果圆筒形，为国家一级保护植物；天女木兰（*Magnolia sieboldii*，又名天女花），叶宽倒卵形，花在新枝上与叶对生，花梗长 3～7cm，下垂，聚合果狭椭圆形，成熟时紫红色，花朵随风飘摆如天女散花，花色淡雅，芬芳扑鼻，为著名的园林观赏树种。

黄山木兰

宝华玉兰

荷花玉兰

拉丁名: *Magnolia grandiflora*

别名: 广玉兰、洋玉兰　　科属: 木兰科木兰属

原产地: 原产于北美。我国长江流域及以南地区广泛栽培。

　　常绿乔木。树姿雄伟、壮丽，叶大荫浓，花似荷花，芳香馥郁，为美丽的园景树、行道树或庭荫树，宜孤植、丛植或成排种植。喜温暖、湿润气候，较耐寒。在肥沃、深厚、湿润而排水良好的酸性或中性土壤中生长良好。生长速度中等，实生苗生长缓慢，10年后生长逐渐加快。

形态特征: 高可达30m，树冠卵状圆锥形。小枝、叶下面、叶柄密被褐色短绒毛；单叶互生，叶厚革质，椭圆形或倒卵状椭圆形。花单生于枝顶，花大，荷花状，通常6瓣，有时多为9瓣，白色，有芳香。聚合果圆柱形，密被褐色或灰黄色绒毛；种子红色。

山玉兰

拉丁名：*Magnolia delavayi*
别名：土厚朴、野厚朴、优昙花　　科属：木兰科木兰属

原产地：原产于我国西南地区，东南各地有栽培。

　　常绿乔木。叶片光亮翠绿，在绿叶丛中开出碗口大的乳白色芳香花朵，9枚花被片平展，中间直立着圆柱状的聚合果，恰似释迦牟尼佛端坐在莲座上，寺庙中常有栽培。适于亚热带或暖温带南部庭园及园林中应用，孤植、丛植于广场、草坪或作行道树均可。引种至江南多呈丛生状。耐阴，喜深厚、肥沃的土壤和夏日凉爽，冬季温暖的气候环境。在西南地区生长最好。

形态特征：高6～12m。单叶互生，叶革质，卵形或卵状长圆形，侧脉11～16对，网脉致密，干后两面突起，先端圆钝。花大，乳白色。

乳源木莲

拉丁名: *Manglietia ruyuanensis*
别名: 狭叶木莲   科属: 木兰科木莲属

原产地: 原产于长江流域以南各地。

　　常绿乔木。树干通直，树冠浓郁优美，四季翠绿，花如莲花，色白清香，是优良的庭园观赏和四旁绿化树种。中度喜光，喜温暖、湿润气候，幼树稍耐阴。主干通直，顶端优势明显，冠幅中型，但光照充足时侧枝粗壮扩展，生长快。适宜土层深厚、潮润、肥沃或中庸的排水良好的酸性黄壤土上生长。浅根性树种，主根不大明显，侧根非常发达。萌芽力强，天然更新良好。

111

形态特征: 树高可达20余米。单叶互生，叶革质，上面深绿色，下面淡灰绿色；花被片9，3轮，外轮3片带绿色，薄革质，中轮与内轮肉质，纯白色。聚合蓇葖果卵形，熟时深红色。

香木莲

红花木莲

拉丁名：*Manglietia insignis*
别名：红花含笑　　科属：木兰科木莲属

原产地：原产于我国湖南、广西、四川、贵州、云南等地。

常绿乔木。是美丽的庭园、道路绿化树种。叶浓绿、秀气，花色艳丽芳香，含苞待放时，颜色最为艳丽美观，花色可随气温而变，气温越低，颜色越红，气温升高，颜色则淡。秋天，深红色果实悬挂枝头，又是一大景观。要求温暖、凉爽，雨量多，湿度大的气候环境。喜肥沃、湿润的酸性土壤，pH值4.5～6.0。适宜中亚热带至南亚热带和北热带地区栽培。

形态特征：高达30m　小枝有明显的托叶环状纹和皮孔。单叶互生，叶单质，倒拔针形或长圆状椭圆形，全缘。花单生枝顶，花被片9～12，外轮3片倒卵状长圆形。聚葶荚果卵状长圆形，成熟时深紫红色，外面有瘤状凸起，种子红色。

同属常见栽培种：香木莲（*Manglietia aromatica*），原产于我国西南地区，花白色，气味芳香，植物体各部均具芳香。

香木莲

黄兰

白兰

拉丁名：*Michelia alba*

别名：白缅桂、白兰花、把兰　　　科属：木兰科含笑属

原产地： 原产于印度尼西亚；华南常见栽培。

　　落叶乔木。花朵洁白、芳香、清雅，花期长，是华南著名的园林树种，可作行道树和庭园绿化。在长江流域多盆栽，盆栽通常 3～4m 高，可置庭院、厅堂、会议室等处。喜光，喜温暖、湿润和通风良好的环境，怕寒冷，不耐旱也不耐涝。喜富含腐殖质、排水良好、疏松、肥沃的酸性沙质壤土。

形态特征： 高达 17m。小枝具环状脱叶痕。幼枝和芽绿色，密被淡黄白色微柔毛，后渐脱落。单叶互生。叶薄革质，长椭圆形或披针状长椭圆形。花被片 10 枚以上，披针形。聚合果疏生小果。

同属常见栽培种： 黄兰（*Michelia champaca*）别名黄玉兰、黄缅桂，常绿乔木。原产喜马拉雅山及我国云南南部，华南各地均有栽植，长江流域以及以北地区有盆栽。树形婆娑美观，香气较白兰更浓，是佛教"五树六花"之一。为华南地区园林或庭园观赏树种，不耐寒，越冬最低温度须在 5℃ 以上。

113

黄兰

乐昌含笑

拉丁名： *Michelia chapensis*

别名： 南方白兰花、广东含笑、景烈白兰、景烈含笑

科属： 木兰科含笑属

原产地： 原产于我国江西、湖南、广东、广西、贵州等地。

　　常绿乔木。树冠高大，树形优美，枝叶翠绿，花大而香，是很好的庭院和道路绿化树种。孤植、丛植、群植或列植均适宜。阳性而稍耐阴，喜湿润气候，生长适宜温度为 15～32℃，能抗 41℃ 的高温；耐寒性较强，1～2 年生小苗在 −7℃ 低温下有轻微冻害，怕积水。在深厚、肥沃、疏松的微酸性沙质壤土上生长最好，在过于干燥的土壤中生长不良。

114

形态特征： 高 15～30m。单叶互生，叶薄革质，倒卵形或长圆状倒卵形 长 6.5～16cm，宽 3.5～7cm，有光泽，花淡黄色，具芳香。聚合果长圆形或卵圆形。

同属常见栽培种： 紫花含笑（*Michelia crassipes*），原产地同本种。常绿小乔木，株高 5m。芽、嫩枝、叶柄、花梗均密被红褐色毛。花极芳香，花被片 6，紫红色或深紫红色。耐阴、耐寒能力均比含笑强，而且栽培容易，生长快，开花早，2～3 年便可开花。要求雨量充沛、湿润环境和酸性的土壤。

紫花含笑

醉香含笑

金叶含笑

拉丁名：*Michelia foveolata*
科属：木兰科木含笑属

原产地：原产于我国，主要分布于中南部及西南各地，越南也有分布。

　　常绿乔木。树干高大挺拔，树形端庄秀美，叶色奇特，熠熠生辉，花大芳香，是目前流行的园林绿化树种。常用于道路绿化，也可群植或孤植用于园林配景。喜光，幼苗耐阴湿环境，喜温暖、湿润的中亚热带气候，耐短期－10℃低温。酸性、中性和微碱性土壤均能适应。

形态特征：高达30m，干通直圆满，高大挺拔，树皮灰白色，平滑。芽、幼枝和新叶密被锈色绒毛，在阳光照耀下，呈暗金色。单叶互生，叶厚革质，长圆状椭圆形或宽披针形，长17～23cm；网脉两面明显凸起，形成蜂窝状。花被片9～12，乳白并略带黄绿色，基部紫色。种子鲜红色。

同属常见栽培种：川含笑（*Michelia szechuanica*），原产我国中西部地区，长江流域及以南各地引种栽培，常绿乔木，高20～30m，树冠椭球形，芽被锈色柔毛，花瓣白中带黄色，清香；醉香含笑（*Michelia macclurei*，又名火力楠）原产于我国广东、广西等南亚热带地区，常绿乔木，高达35m，树皮灰褐色，芽、幼枝、叶柄、幼叶及花梗密披锈褐色绢毛，小枝具散生的白色皮孔，1月下旬开花，花单生于叶腋，白色，芳香。

115

川含笑

川含笑

深山含笑

拉丁名： *Michelia maudiae*

别名： 光叶白兰、莫式含笑、莫夫人玉兰　　　**科属：** 木兰科含笑属

原产地： 原产于长江流域至华南地区。

　　常绿乔木。枝叶茂密，树形美观，是早春优良芳香观花树种，也是优良的园林和四旁绿化树种。喜温暖、湿润环境，有一定耐寒能力。喜光，幼时较耐阴。喜土层深厚、疏松、肥沃而湿润的酸性沙质土。生长快，适应性广，4～5年生即可开花。

形态特征： 高达20m。树皮浅灰或灰褐色，平滑不裂。全株无毛，芽、幼枝、叶背均被白粉。单叶互生，叶薄革质，全缘，深绿色，长椭圆形，先端急尖。3～4月开花。花单生于枝梢叶腋，花径10～12cm，白色，芳香。聚合果7～15cm，种子红色。

乐东拟单性木兰

拉丁名：*Parakmeria lotungensis*
别名：乐东木兰、隆南
科属：木兰科拟单性木兰属

原产地： 我国特有种，原产于我国长江以南各地。

　　常绿乔木。树干通直，春天新叶深红色，白花清香；秋季果实殷红，是优良的绿化树种。适于公园、庭院及"四旁"种植。喜光，但苗期应注意搭棚遮荫，喜温暖、湿润气候，适应性较强，能耐41℃高温和－12℃的严寒。喜深厚、肥沃、排水良好的土壤。生长迅速。

形态特征： 树高可达20～30m。树皮灰白色，光滑。全株无毛。单叶互生，叶革质，倒卵状椭圆形或狭椭圆形，长6～10cm。5月下旬至6月中旬开花，花白色，顶生，有香味。聚合果椭圆形。

117

同属常见栽培种： 云南拟单性木兰（*Parakmeria yunnanensis*）。原产云南、广西及贵州的局部地区。常绿乔木。高达40m，全株各部无毛，小枝鲜绿色，托叶环痕明显，节间短而密，呈竹节状。花杂性（雄花、两性花异株）。单生于枝顶，白色，芳香，花被片12，雄花花丝鲜红色，两性花雌蕊群绿色，聚合果长圆状卵圆形。喜光，幼苗、幼树耐半阴，喜温暖、湿润气候。在潮湿、肥沃的酸性土壤上生长良好。

云南拟单性木兰　　云南拟单性木兰

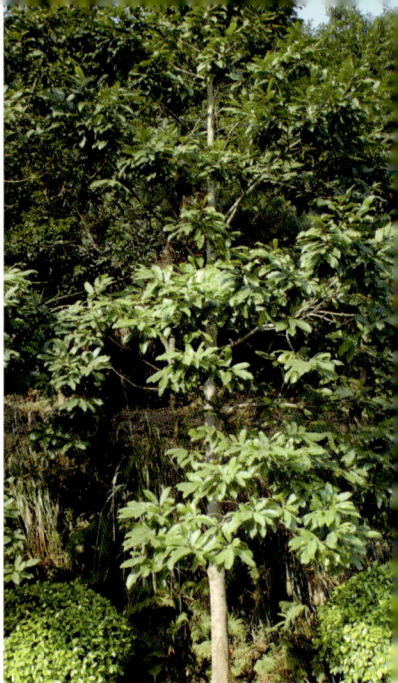

观光木

拉丁名：*Tsoongiodendron odorum*

别名：香花木、香木楠、宿轴木兰　　　科属：木兰科观光木属

原产地：星散分布于云南、贵州、广西、湖南、福建、广东和海南等地的低山地区。

　　常绿乔木。树干挺直，树冠宽广，枝叶稠密，叶大而光亮。花小而多，美丽芳香，是优美的庭园观赏及行道树种。弱阳性树种，幼树耐阴，长大厚喜光，喜温暖、湿润气候及深厚肥沃的土壤。根系发达。观光木是我国特有的古老孑遗树种，为木兰科单种属植物，被定为国家二级保护植物。

形态特征：高达25m，小枝、芽、叶柄、叶面中脉、叶背和花梗均被黄棕色糙状毛，单叶互生，叶片薄革质，椭圆形或倒卵状椭圆形，先端钝尖，托叶与叶柄贴生。花单生叶腋，淡紫红色，芳香。聚合蓇葖果长椭圆形，具显著的黄色斑点。

注：观光木是我国近代植物学的开拓者钟观光先生发现，并被中山大学植物研究所所长陈焕镛以他的名字命名的。

香樟

拉丁名： *Cinnamomum camphora*

别名： 樟树、木樟、乌樟、芳樟、番樟、香荵、樟木子　　　**科属：** 樟科樟属

原产地： 原产于我国长江以南各地。日本和朝鲜也产。

　　常绿乔木。树冠广展，枝叶茂密，气势雄伟，是优良的庭荫树、行道树和营造风景林、防风林、隔噪音的树种。配植于池边、湖畔以及山坡、平地无不相宜。喜光，稍耐阴；喜温暖、湿润气候，耐寒性不强，越冬绝对最低温度不能低于－10℃。对土壤要求不严，较耐水湿，但不耐干旱、瘠薄和盐碱土。主根发达，深根性，能抗风。萌芽力强，耐修剪。耐烟尘和抗有毒气体能力强，能吸收多种有毒气体，较能适应城市环境，是目前南方各大城市应用最普遍的行道树之一。适合于长江以南栽培。

119

形态特征： 高可达50m，树冠圆型至卵圆形，单叶互生，叶薄革质，卵形或椭圆状卵形，长5~10cm，离基3出脉，脉腋有腺点。花黄绿色，圆锥花序腋出，果实成熟后球形，黑紫色。木材为香樟木，千年不腐；提炼物樟脑为杀虫剂。

银木

拉丁名：*Cinnamomum septentrionale*

别名：大叶樟、香樟、土沉香   **科属**：樟科樟属

原产地：原产于四川和湖北西部以及陕西和甘肃南部，在长江以南各地常见。

常绿乔木。园林应用与习性同香樟。为亚热带长绿阔叶林的代表树种之一。根材美丽，称银木，用作美术品。

形态特征：高达50m，树冠广卵形。单叶互生，薄革质，卵形或卵状椭圆形，长4.5～8.6cm，全缘，微呈波状，脉腋有明显的腺窝。圆锥花序腋生，长达15cm，多花密集，具分枝，分枝又开，末端为3～7花的聚伞花序。果近卵圆形或近球形，径6～8cm，熟时紫黑色。

肉桂

拉丁名：*Cinnamomum cassia*

别名：玉桂、牡桂、菌桂、筒桂、大桂、辣桂　　科属：樟科樟属

原产地：原产于热带亚洲。华南各地有栽培。

常绿乔木。树形整齐、美观，枝叶芳香，在华南可植为庭园绿化树种。苗期喜阴而忌强光，成年树则喜光，喜南亚热带暖热、多雨气候。喜酸性、肥沃、疏松的红黄壤，pH以4.5~5.5为宜。苗期生长慢，萌芽力强。深根性，抗风力强。

形态特征：高5~10m，幼枝四棱形，芽、小枝、叶柄和花序轴密被灰黄色短绒毛。叶厚革质，单叶近对生或枝梢叶互生，长椭圆形，长8~16 (30) cm，三出脉。花白色，花被片两面被毛。果实椭圆形、黑紫色。

其树皮和枝皮可制调味品桂皮，并可药用。

121

天竺桂

拉丁名：*Cinnamomum japonicum*

别名：天竹桂、山肉桂、野桂　　科属：樟科樟属

原产地：原产于浙江、安徽南部、湖南、江西等地，我国东南部地区常见栽培。

　　常绿乔木。树干端直，树冠整齐，叶茂荫浓，气势雄伟，在园林绿地中孤植、丛植、列植均相宜。对二氧化硫抗性强，隔音、防尘效果好，树皮和叶散发怡人香味，为良好的保健树、厂矿绿化以及营造混交林和隔离带的树种。中性树种，幼年期耐阴。喜温暖、湿润气候及排水良好的微酸性土壤，中性土壤及平原地区也能适应，但不耐积水。移植时必须带土球。近年来在河南省伏牛山发现天竺桂耐寒变种，在－20℃的低温下可保持常绿，是一种非常宝贵的资源，可使其栽培范围扩大到黄河以北的广大地区。

形态特征：高可达17m，树冠广卵形。单叶互生，近枝梢处交互对生。卵状长圆形或长圆状披针形，长9～12cm，离基3出脉，中央主脉于上部再分出1～2对侧脉，中脉、侧脉两面凸起，叶背灰绿色，无毛，叶柄无毛。花5～6朵，呈伞形花序，生于新枝的叶腋，花小。浆果球形，暗紫色。

阴香

拉丁名： *Cinnamomum burmannii*

别名： 山玉桂、野玉桂、香胶叶　　**科属：** 樟科樟属

原产地： 原产于广东、广西、江西、福建、浙江、湖北和贵州。

　　常绿乔木。树冠浓密，株态优美，孤植、群植、列植均可，宜作庭园和道旁树。对氯气和二氧化硫均有较强的抗性，为理想的防污绿化树种。喜光，常生于土壤肥沃、疏松、湿润而不积水的地方。适应范围广，中亚热带以南地区均能生长良好。

形态特征： 高达30m，树冠伞形或近圆球形，单叶，不规则对生或为散生，革质，卵形至长椭圆形，离基三出脉，脉腋无腺体，花绿白色，组成近顶生或腋生的圆锥花序。果实卵形，果托具有半残存的花被片。

可做嫁接肉桂的砧木。树皮入药，名阴香皮。

香叶树

拉丁名：*Lindera communis*

别名：冷青子、千金树、上冬青、小粘叶、臭油果

科属：樟科山胡椒属

原产地：原产于秦岭至长江以南各地。

常绿小乔木。枝叶扶疏，秋季果实红艳，园林中可栽培作庭荫树、园景树。适应性强，耐阴。喜温暖气候和湿润的酸性土。萌芽力强，耐修剪。

形态特征：高4～10m。单叶互生，叶片厚革质，椭圆形、卵形或阔卵形，长5～8cm，先端渐尖、急尖或有时近尾尖。花单性，雌雄异株；伞形花序生于叶腋，花黄色。核果卵形，长约8mm，熟时红色。

红楠

拉丁名：*Machilus thunbergii*
别名：猪脚楠　　**科属**：樟科润楠属

原产地：原产于亚洲东部，我国自山东崂山以南至长江流域、华南均有分布。

　　常绿乔木。枝叶茂密，树冠层次分明，春季新叶随着生长呈现鲜红、粉红、金黄、嫩黄或嫩绿等不同颜色的变化；冬季顶芽粗壮饱满、微红，犹如一朵朵含苞待放的花蕾，是优良的园林观赏树种。宜丛植于草地、山坡、水边。抗海风，在东部和南部沿海、海岛可作海岸防风林带树种。较耐阴，喜温暖、湿润气候，也颇耐寒，短期能耐－10℃的低温，是该属耐寒性最强的树种。喜深厚、肥沃的中性或酸性土，排水要佳。生长较快，在环境适宜处10年生树高可达10m。

125

形态特征：高可达20m，树冠宽卵形。初时树皮灰白色，平滑，渐变为棕灰色，侧枝粗壮，小枝无毛。叶倒卵形至倒卵状披针形，革质，浓绿富光泽，新叶暗红色。花顶生，圆锥花序黄绿色。浆果球形，熟果暗紫色，果梗鲜红色。木材为楠木之一，是优良的用材树种。

刨花润楠

拉丁名： *Machilus pauhoi*

别名： 刨花楠、刨花、粘柴　　**科属：** 樟科润楠属

原产地： 原产于浙江、福建、江西、湖南、广东、广西等地。

常绿乔木。园林应用与习性同红楠。

木材边材易腐，不宜做材用，民间将其刨成薄片，制成"刨花"，浸入水中可产生黏液，黏液黏而不腻，为我国古代妇女美发、护发用品。

形态特征： 高达20m，树冠倒卵形。树皮灰褐色，有浅裂。顶芽芽鳞密被棕色或黄棕色小柔毛。单叶，叶常集生小枝梢端，椭圆形或狭椭圆形，或倒披针形，革质。聚伞状圆锥花序生于当年生枝下部。果球形，直径约1cm，熟时黑色。

柳叶润楠

拉丁名：*Machilus salicina*

别名：牛眼樟、柳楠、柳叶桢楠　　　科属：樟科润楠属

原产地：原产于我国广东、广西、贵州南部、云南南部。越南也有分布。

　　常绿灌木至小乔木。枝叶茂密，是优良的园林观赏树种。宜丛植于草地、山坡、水边。阴性树种，喜温暖、湿润气候。在土层深厚、排水良好的沙壤土上生长良好。缓生树种。适生于水边河旁，可作为河岸防堤树种。

形态特征：通常高3～5m。枝条褐色。单叶，叶常集生于枝条的梢端。倒披针形至线状倒披针形，长8～18cm，宽1.2～3cm，近革质。聚伞状圆锥花序多数，生于新枝上端。花黄色或淡黄色。果序伸长，松散而少果，果球形，熟时紫红色。

同属常见栽培种：建润楠（*Machilus oreophila*）,高5～8m,多年生枝先端的芽鳞疤痕约3、4环，叶上面深绿色，无毛，但不光亮，下面带粉绿色，有柔光，叶脉明显。

127

建润楠

建润楠

闽楠

拉丁名：*Phoebe bournei*
科属：樟科楠属

原产地：原产于我国长江以南各地，以福建分布最集中，在常绿阔叶林中常成为优势种。现东南部各地均有栽培。

常绿乔木。亚热带常绿阔叶林代表树种之一。树干端直，树冠浓密，是优良的风景树。适于孤植、丛植或配植于建筑周围，也常作行道树，在山地风景区适于营造大面积风景林。阴性树种，喜温暖、湿润、春季多雨气候，根系深。在土层深厚、排水良好的沙壤土上生长良好。幼苗生长慢，适合密植，并遮荫。5年生以后高生长加快，至20年生树高仅5m多；50年树冠成型。50年以后才开始生长旺盛期。成熟的用材林需100年以上。

形态特征：高达40m，幼年期树冠为浓密的尖塔形，壮年期树冠变为钟状。叶革质，披针形或倒披针形，长7～15cm，宽2～4cm，下面被短柔毛，脉上被长柔毛，网脉致密，在下面呈明显的网格状。圆锥花序生于新枝中下部叶腋，紧缩不开展。果椭圆形或长圆形，宿存花被裂片紧贴。

紫楠

楠木是对楠属多个种木材的统称，是珍贵的用材树种。同属常见栽培种还有：紫楠（*Phoebe sheareri*），别名紫金楠，金丝楠，原产于长江以南的东南各地，华南北部，常绿乔木。小枝、叶柄及花被密被黄褐色或灰黑色柔毛或绒毛，叶革质，倒卵形，椭圆状倒卵形或倒卵状披针形，先端突渐尖或尾尖，基部渐窄，上面无毛或沿叶脉有毛，下面密被黄褐色长柔毛；中脉和侧脉上面下凹。花长4～5mm；花被裂片卵形，两面被毛，花丝被毛，腺体无柄。核果卵形，果梗略增粗，被毛；宿存花被裂片松散。

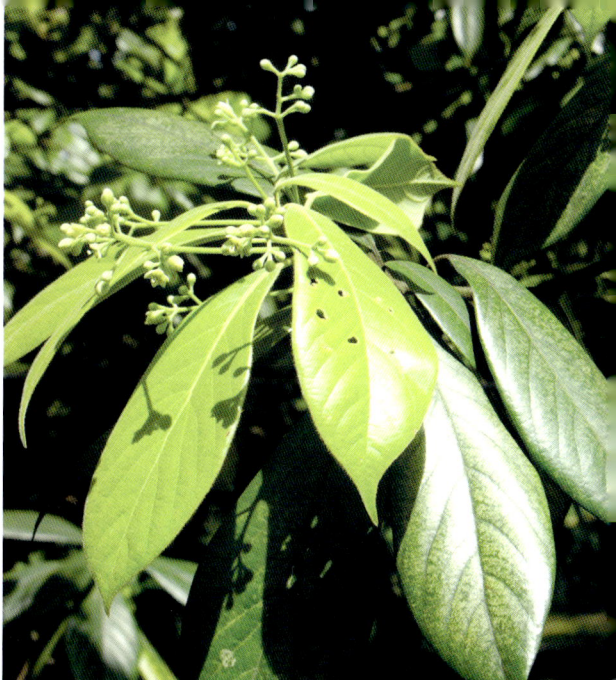

浙江楠

拉丁名：*Phoebe chekiangensis*

科属：樟科楠属

原产地：原产于浙江、福建、江西等地。

常绿乔木。主干挺直，树冠整齐，枝叶繁茂，是优良园林绿化树种。宜孤植、丛植或配植于建筑周围，也可在山地风景区营造风景林。喜温暖、湿润气候，在pH4.3～5.5的酸性红壤上生长良好。幼苗为耐阴树种，壮龄期喜光，深根性，抗风强。

形态特征：高达20m，20年生树冠圆锥形，30～50年生树冠卵圆形。小枝密被黄褐色或灰黑色柔毛。叶革质，倒卵状椭圆形或倒卵状披针形，长8～13cm，中脉、侧脉在上面下陷，下面明显隆起。圆锥花序腋生。果椭圆状卵圆形，外被白粉。

檫木

拉丁名：*Sassafras tzumu*

别名：檫树、桐梓树、黄楸树　　科属：樟科檫木属

原产地：原产于长江流域及以南地区。

　　落叶乔木。春开黄花，先于叶开放；叶形奇特，秋季变红。花、叶均具有较高的观赏价值，可用于庭园、公园栽植或用作行道树，也可用于山区造林绿化。喜光，喜温暖、湿润气候，不耐旱，忌水湿。喜深厚、肥沃、排水良好的酸性土壤。深根性，生长快。

形态特征：树高可达 35m。小枝绿色。叶互生，全缘或 2～3 裂，具明显三出脉。短圆锥花序顶生，花黄色，先于叶开放。核果近球形，蓝黑色，被白粉。

蕈树

拉丁名：*Altingia chinensis*

别名：阿丁枫、半边枫、老虎斑　　科属：金缕梅科蕈树属

原产地：原产于我国长江以南各地。

　　常绿乔木。树干挺直，枝叶茂密，适应性强，宜植于公园、风景区作背景树，也可在园林绿地中群植或丛植。幼时耐阴，大树喜光，喜温暖、湿润气候。要求深厚、疏松、排水良好的中性至酸性土壤。初期生长缓慢，5年生后高生长加快，栽培30年树冠成型。适合长江以南温暖、湿润地区栽培。

形态特征：高25m，树冠卵圆形。树皮灰白色至粉红色。单叶互生，托叶明显，叶革质，倒卵状长圆形或长圆状椭圆形，长5～12cm，表面有光泽，边缘有锯齿。雄花短穗状花序聚成总状，顶生，长达10cm；雌花头状花序单生。头状果序圆球形。
是常绿阔叶林中常见树种。民间常于砍伐后，将其废材段，丢置林中，任其天然接种或人工接种，培养香蕈（香菇），故而得名。

131

大果马蹄荷

马蹄荷

拉丁名：*Exbucklandia populnea*

别名：合掌木、白克木、省雀花　　**科属**：金缕梅科马蹄荷属

原产地：原产于我国西南地区。现南方各地有引种。

　　常绿乔木。树姿美丽，树干通直，叶大而亮。适合作庭荫树或在山地营造风景林，孤植、丛植、群植均宜。喜光，能耐阴，喜温暖、湿润的气候，根系发达。喜土层深厚、排水良好、微酸性的红壤土、黄壤土，对中性土壤也能适应。生长较快。

形态特征：高达20m，树冠开展。小枝有膨大的节和环状托叶痕。叶革质，阔卵圆形，先端尖，全缘，无毛，或嫩叶阔卵形，3浅裂；或有时偶为阔楔形；具掌状脉3~5条；托叶椭圆形，花序单生，具7~9花；花单性或两性，无花瓣。蒴果卵圆形，外角有小瘤状突起。

同属常见栽培种：大果马蹄荷（*Exbucklandia tonkinensis*）。

大果马蹄荷

壳菜果

拉丁名：*Mytilaria laosensis*

别名：米老排　　科属：金缕梅科壳菜果属

原产地：原产于我国华南及西南地区。

　　常绿乔木。树干通直，其叶有多种形态，肥大，浓密，遮蔽、隔音、防尘效果好，是不可多得的园林绿化树种。喜光，幼苗期耐庇荫，喜暖热、干湿季分明的热带季雨林气候，耐热，耐干旱，能耐－4℃的低温。适生于深厚、湿润、排水良好地带的酸性、微酸性土壤中。速生，萌芽性强，耐修剪。

形态特征：高达30m，树冠球状伞形。小枝上有环状托叶痕。叶革质，阔卵圆形，全缘；嫩枝的叶3浅裂或掌状5边形；具掌状脉5，基部心脏形。肉穗状花序顶生或近顶生，花瓣带黄色。蒴果椭圆形。

133

枫香

拉丁名：*Liquidambar formosana*
别名：枫树　　　　**科属**：金缕梅科枫香树属

原产地：原产于我国长江流域及其以南地区。日本亦有分布。

　　落叶乔木。树冠宽阔，气势雄伟，深秋叶色红艳，美丽壮观，是南方著名的秋色叶树种。可在园林中栽作庭荫树，亦可于草地孤植、丛植，或于山坡、池畔与其他树木混植。具有较强的耐火性和对有毒气体的抗性，可用于厂矿区绿化。喜光，幼树稍耐阴，喜温暖、湿润气候，耐干旱、瘠薄，不耐水涝。在湿润、肥沃而深厚的红、黄壤土上生长良好。深根性，主根粗长，抗风力强，不耐移植及修剪。

形态特征：高可达40m。叶薄革质，阔卵形，常为掌状3裂（萌芽枝的叶常为5～7裂），中央裂片较长，先端尾状渐尖，两侧裂片平展，裂片边缘有锯齿。果序较大，径3～4cm，宿存花柱长达1.5cm；刺状萼片宿存。

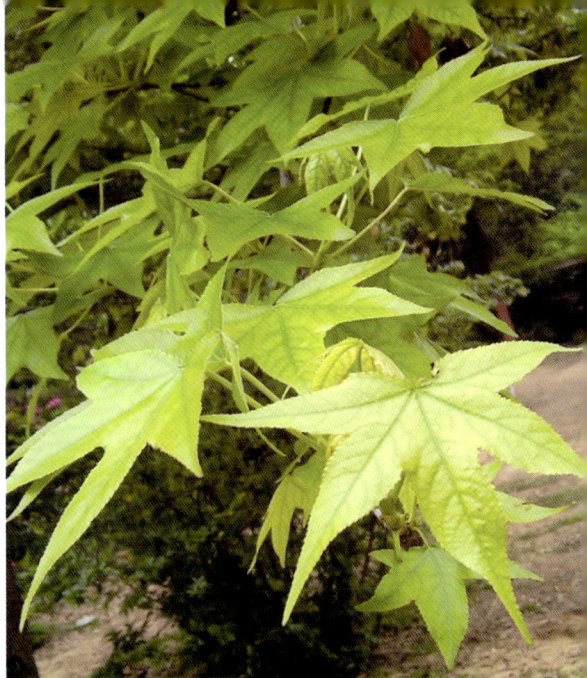

北美枫香

拉丁名：*Liquidambar styraciflua*

别名：胶皮枫香树、美国枫香、美国彩色树、糖胶

科属：金缕梅科枫香树属

原产地： 原产于北美，我国华北、华东地区有栽培。

　　落叶乔木。春夏叶色暗绿，秋季叶色变为黄色、紫色至红色，落叶晚，在部分地区直到次年 2 月仍不落叶，适应性强，是优良的园林观赏树种，也可作为行道树种。喜光。喜深厚、湿润的酸性及中性土壤。不耐污染。萌发力强。根深，抗风。耐火烧。

形态特征： 高可达 30m。叶片 5～7 裂，互生，长 10 至 18cm，叶柄长 6.5 至 10cm，叶片夏季为亮深绿色，秋季有红、黄、紫多色混合，落叶晚。果序较小。

135

半枫荷

拉丁名：*Semiliquidambar cathayensis*

别　名：异叶翼子木、大叶半枫荷、阴阳叶、铁巴掌、番张麻、米纸

科属：金缕梅科半枫荷属

原产地：中国特产，原产于我国福建、江西、湖南、广东、海南、广西、贵州等地。是1962年发现的新属的模式种。

　　常绿乔木。树干通直，树冠枝叶浓密，是优良的园林绿化树种，可作行道树或风景区造景。幼苗期耐阴，成年树喜光，喜温暖、湿润气候，耐干旱。适生于深厚、湿润、排水良好的酸性、微酸性土壤中。速生，5～8年可形成完整的树冠。

形态特征：高可达25 m，树冠卵圆形。叶簇生于枝顶，革质，异型，不分裂的叶片卵状椭圆形，先端渐尖，掌状叶3裂，有三出脉，边缘有锯齿。花单性，雌雄同株，雌雄花序均为头状，生于枝顶叶腋，头状果序近球形。种子有棱，无翅。

红花荷

拉丁名：*Rhodoleia championii*

别名：红苞木、吊钟王　　**科属**：金缕梅科红花荷属

原产地：原产于广东中部、西部和沿海岛屿。

　　常绿乔木。树干高而挺直，枝条开展，分枝较多，树姿优美，春节前后开花，花多色艳，花期较长，是城市园林中理想的早春观花树种。适宜种植于近水、阳光充足而有遮蔽的地方。中性偏阳树种，幼树耐阴，成年后较喜光，要求温暖、湿润气候，能耐 −4.5℃ 低温，在干旱、瘠薄的山脊也能生长。喜土层深厚、肥沃、酸性至微酸性的红、黄壤土。10 年生树高 7~8m，胸径 15~18cm。目前在广东南部城市中广为应用。

137

形态特征：高可达 30m。单叶互生，叶厚革质，卵形，先端略尖，全缘，叶柄带红色，簇生于枝条末端。花两性，不规则排列，花深红色，呈吊钟形，约每 5 朵聚生于枝条末端或叶腋位置，成头状花序，被 4~5 轮铁锈色的覆瓦状苞片所围绕。

杜仲

拉丁名：*Eucommia ulmoides*

别名：思仲、思仙、丝楝树皮、丝棉皮、棉树皮　　　科属：杜仲科杜仲属

原产地：原产于我国中部及西部，四川、贵州、湖北为集中产区。现广泛栽培。北京地区可安全越冬，生长良好。

落叶乔木。枝繁叶茂，树形整齐，遮荫面积大，生长迅速，适应性强，且树体抗性强，病虫害很少，是城市中非常理想的行道树和园林绿化树种。喜光，较耐寒，喜温暖、湿润的气候。对土壤的适应性强，在酸性、中性、微碱性及钙质土壤上都能生长，以pH为5～7.5的沙质壤土最宜。

形态特征：高可达20m，树冠圆形或圆锥形。植株各部折断后均可见丝状胶质。单叶互生，薄革质，椭圆形、卵形或长圆形，先端渐尖，边具锯齿，老叶表面网脉下陷，皱纹状。花小，黄绿色，单性，雌雄异株，与叶同时开放，或先叶开放。翅果扁平，长椭圆形。

杜仲是我国特产的单科单属植物，为本科中的子遗种。树皮、枝叶和果实中所含杜仲胶，为优质硬橡胶，具高绝缘性和耐腐性，抗海水侵蚀，是重要的工业原料。木材坚实、致密。种子可榨油。它还是著名的中药，能补肝肾，强胃。

雄花序

法国梧桐

悬铃木

拉丁名：*Platanus × acerifolia*
别名：英国梧桐　　**科属**：悬铃木科悬铃木属

原产地：本种为一球悬铃木和三球悬铃木的杂交种。现广植于世界各地。我国华南、华中、华北、东北均有栽培。现广范栽培的多是这种，但习惯上误称为法国梧桐。

落叶乔木。树形雄伟，枝叶茂密，树皮灰绿或灰白色，少病虫害，是世界著名的优良庭荫树和行道树，有"行道树之王"之称。喜光，喜湿润、温暖气候，较耐寒。对土壤适应性强。抗污染能力较强。生长迅速，易成活，耐修剪。

139

形态特征：高可达35m，柄下芽。单叶互生，叶掌状5裂，边缘有不规则的大锯齿，中裂片三角形，球果通常2球一串。宿存花柱刺状。

附种：美国梧桐（*Platanus occidentalis*，一球悬铃木），叶片多为3～5浅裂，只裂片宽大于长，托叶大，球果多数单生，无刺毛状宿存的花柱，原产北美，我国中部、北部城市有栽培；（法国梧桐 *Platanus orientalis*，三球悬铃木），叶片5～7裂，中裂片长大于宽，托叶小，3～6球成一串，有刺毛状宿存的花柱，原产欧洲东南部及亚洲西部，我国西北及山东、河南等地有栽培。

美国梧桐

木瓜

拉丁名：*Chaenomeles sinensis*

别名：木瓜海棠、光皮木瓜、木梨、木李、榠楂、海棠　　　　**科属**：蔷薇科木瓜属

原产地：原产于我国中部，黄河流域及以南地区都有栽培。

　　落叶灌木或小乔木。为春季观花树种，先花后叶，花朵簇生，比桃花还早，花红色艳，树形好，病虫害少，秋季还可观果，是庭园绿化的良好树种。可丛植于庭园墙隅、林缘等处。或制作树型盆景。喜光，适应性强，耐寒、耐旱，不耐水湿。在中性至微酸性、疏松、肥沃的沙质土壤上生长良好。黄河以南地区可露地越冬。

140

形态特征：高可达 7 m。树皮片状剥落，痕迹鲜明。叶片椭圆形或椭圆状长圆形，先端急尖，边缘具刺芒状细锯齿，齿端具腺体。花单生于短枝端，花梗粗短，花瓣淡红色。梨果长椭圆体形，深黄色，有芳香。

山里红

拉丁名：*Crataegus pinnatifida* var. *major*
别名：山楂、红果、棠棣、绿梨　　**科属**：蔷薇科山楂属

原产地：主产河北、山西，也见于山东、辽宁、河南。

　　落叶小乔木。树冠整齐，花繁叶茂，春季白花满树，秋季果实红艳繁密，叶片亦变红色，是观花、观果兼观叶的优良园林树种。可点缀于路旁或庭园草坪中。喜光，较耐寒，耐干旱、瘠薄，在潮湿、炎热的条件下生长不良。适应各种土壤。萌芽力、萌蘖力强，根系发达。

形态特征：高6～8m。小枝通常具刺。单叶互生或在短枝上簇生，叶片宽卵形，有锯齿，深裂或浅裂，稀不裂。伞房花序，花白色，后期变粉红色。果实球形，熟后深红色，表面具淡色小斑点。

141

山里红为山楂的栽培变种，原种山楂（*Crataegus pinnatifida*），产于我国东北至华北、河南、山东及江苏，叶裂更深，果较小，直径1～1.5cm，果肉较薄，深红色，有斑点。在农村也称山里红。

山楂

枇杷

拉丁名：*Eriobotrya japonica*

科属：蔷薇科枇杷属

原产地：原产于我国南部，现江苏、福建、四川、湖北等地发现还有野生分布，淮河以南各地都有栽培，长江以南为习见果树。

　　常绿小乔木。树干颇短，树形颇美，而且生长迅速，叶绿茂盛，因而在不少地方也被作为园艺观赏植物栽种。亚热带树种，年平均气温12℃以地区上即能正常结果，冬春低温影响其开花结果。气温－6℃时对开花有冻害，－3℃时对幼果产生冻害。对土壤要求不严，适应性较广，一般土壤均能生长结果，但以含石砾较多的疏松土壤生长较好。

形态特征：高3～4m，树冠圆形。树皮灰褐色，粗糙。小枝、叶背及花絮均密被锈色绒毛。叶倒披针状椭圆形，厚革质，边缘成锯齿状。花白色，芳香。初夏果熟，果近球形或梨形，黄色或橙黄色。

垂丝海棠

拉丁名： *Malus halliana*

别名： 海棠、垂枝海棠、解语花　　　　**科属：** 蔷薇科苹果属

原产地： 原产于我国西南、中南、华东等地，尤以四川最多。

　　落叶小乔木。春季观花树种。树形多样，叶茂花繁。春季于桃花之后开放，花叶同时绽放，花朵簇生于顶端，朵朵弯曲下垂，娇柔红艳。美不胜收，是深受人们喜爱的庭院花木。适用于在亭台周围、丛林边缘、水滨配置，也是制作盆景的材料。喜光，不耐阴，也不甚耐寒，喜温暖、湿润环境，但不耐水涝。对土壤要求不严，微酸或微碱性土壤均可成长，以深厚、疏松、肥沃、排水良好略带黏质的壤土生长更好。生性强健，栽培容易，不需要特殊技术管理。北京地区引种后生长良好。

143

形态特征： 枝条开张。叶互生，椭圆形至长椭圆形，边缘有半钝锯齿，基部有两个披针形托叶，聚伞状花序，花5～7朵簇生，未开时红色，开后渐变为粉红色，多为半重瓣，也有单瓣花，梨果球状，黄绿色。

西府海棠

拉丁名：*Malus micromalus*

别名：海棠、海棠花、解语花　　　科属：蔷薇科苹果属

原产地： 原产于我国，现华北及辽宁、山东、陕西、甘肃、云南等地均有栽培。

落叶小乔木。主干短，分枝低，窄冠型，分枝收拢向上，树态峭立。春季花叶同绽，花期在桃花之后。花蕾初绽时，花朵圆润、娇嫩、叶子嫩绿可爱，似亭亭少女。几日后，花全部绽开，色红粉相间，热闹、繁盛；再之后，红花绿叶相间，渐渐绿肥红瘦进入初夏。夏季果实红艳，鲜美诱人。不论孤植、列植、丛植均极为美观。最宜植于水滨及小庭一隅。若列植为花篱，鲜花怒放，蔚为壮观。喜光，耐寒性强，耐干旱，忌渍水，在干燥地带生长良好，不耐热，温度升高到25℃以上，花朵2日内迅速凋谢。

形态特征： 高可达8m。小枝直立；叶片椭圆形至长椭圆形，先端渐尖或圆钝，边缘有紧贴的细锯齿，有时部分全缘。花序近伞形，具花5～8朵；花梗细，花初开放时粉红色至红色，渐变白。果实近球形、黄色，基部不下陷。

三裂海棠

拉丁名：*Malus sieboldii*
别名：三叶海棠　　**科属**：蔷薇科苹果属

原产地：原产于辽宁、山东、陕西、甘肃、湖南、四川、贵州、广东、广西等地。朝鲜、日本也有。

　　落叶小乔木。树姿开张，春季着花甚美丽，枝拱形。花白色、淡粉红色至深粉红色，仲春开放，为观花、观果树种。园林应用同西府海棠，花较少。喜光，极耐寒，耐旱，抗涝性差。不耐盐碱。

形态特征：高约6 m。小枝稍有棱角，暗紫色或紫褐色。叶片椭圆形、长椭圆形或卵形，叶缘锯齿尖锐，常3～5浅裂。花4～8朵，集生于小枝顶端，花淡粉红色。果实球形，红或黄色，有铁锈圆斑，果柄长为果实的3～4倍。

附种：海棠花（*Malus spectabilis*），原产华北至西南各地，自古即已栽培。北京多见于庭园、公园，不见野生者。叶椭圆形至长椭圆形，边缘有密锯齿，有时近全缘；老叶两面无毛，叶柄有短柔毛，果实近球形，熟时黄色。

145

海棠花

石楠

拉丁名：*Photinia serrulata*

别名：千年红、扇骨木　　**科属**：蔷薇科石楠属

原产地：原产于长江流域及秦岭以南地区；华北地区有少量栽培。

　　常绿乔木。树冠圆整，叶片光绿，初春嫩叶紫红，春末白花点点，秋日红果累累，极富观赏价值，抗烟尘和有害气体，且具隔音功能，是著名的庭院绿化树种。喜光也耐阴，喜温暖、湿润的气候。对土壤要求不严，以肥沃、湿润的沙质土壤最为适宜。萌芽力强，耐修剪。所有石楠的抗寒力均不强，气温低于－10℃以下会落叶、死亡。

形态特征：高可达 4～6m，单叶互生，厚革质，长椭圆形至倒卵状椭圆形，边缘疏生具腺细锯齿，幼叶红色。顶生复伞房花序，花白色。梨果，球形，熟时红色，后变紫红。

红叶石楠

同属常见栽培种：光叶石楠（*Photinia glabra*，又名椤木），小乔木，叶两面光滑无毛，叶片较小，缘具疏生浅钝锯齿，果红色光亮；椤木石楠（*Photinia davidsoniae*），高6~15m，幼枝棕色，贴生短柔毛，树干、枝条有刺，叶片革质，长圆形或倒卵状披针形，边缘有带腺的细锯齿，复伞形花序花多而密，花白色，梨果黄红色，球形或卵形，可作刺篱用；红叶石楠（*Photinia ×fraseri*）是蔷薇科石楠属一些杂交种的统称，为常绿小乔木或多枝丛生灌木，新梢及嫩叶鲜红色，有些优良品种红叶时间长达3~4个月，老叶深绿色，顶生伞房圆锥花序，花白色，红色梨果，夏末成熟，可持续挂果到翌年春。

椤木石楠

椤木石楠

光叶石楠

山杏

山杏

杏

拉丁名：*Prunus vulgaris*
科属：蔷薇科李属

原产地：我国长江以北地区广泛分布，以黄河流域为中心。

　　落叶乔木。我国北方的主要栽培果树之一，在古代就为庭园树种。它早春开花，夏季果熟，是良好的观花、观果树种。喜光，较耐阴，耐旱，喜冷凉，耐严寒，在－30℃能安全越冬，耐最高气温为43℃。杏树开花期适宜气温为12～18℃，气温高于18℃，花期缩短。适应能力强，容易栽培，抗洪、涝能力超强。对土壤要求不严，但喜肥沃、透气性良好的壤土、沙壤土。

形态特征：高4～10m。单叶互生，叶宽卵形至圆卵形，先端急尖至短渐尖，花单生，先叶开放，无梗或有极短梗；花萼5裂，花后反折；花瓣5，白色或稍带红色；雄蕊多数。核果卵圆形，黄白色或黄红色，常有红晕，微被短柔毛或无毛；核扁心形，沿腹两侧各有一棱，成熟时不开裂。

同属常见栽培种：山杏（*Armeniaca sibirica*），原产于我国东北、华北、甘肃。核果扁球形，果肉干而薄，熟时开裂，味涩酸，不可食。北方园林中多见应用，早春先于桃花开花。

红叶李

拉丁名：*Prunus cerasifera* `Atropurpurea`

别名：樱桃李、紫叶李　　科属：蔷薇科李属

原产地：原产于中亚及我国新疆天山一带。我国华北、华中及华东等地区均有栽培。

　　落叶小乔木。整个生长期红叶满树，尤以春、秋二季叶色更艳。可列植、孤植或对植于草坪、花坛中与绿叶树种搭配栽置。喜光，也稍耐阴，喜温暖、湿润的气候环境，耐寒，但怕盐碱和涝洼。对土壤适应性强，喜排水良好的沙质壤土。浅根性，萌蘖性强。对有害气体有一定的抗性。

形态特征：高可达8m，树冠窄冠型。植物体各部基本均呈暗紫色。单叶互生，叶卵圆形或长圆形状披针形，叶缘具尖细锯齿，两面暗绿色或紫红，花单生或2朵簇生，花瓣淡粉色，核果扁球形，熟时黄、红或紫色，果常早落。

149

梅

拉丁名：*Prunus mume*

科属：蔷薇科李属

原产地：原产于我国，全国各地均有栽培。

　　落叶小乔木。冰清玉洁，纯贞高雅，是长江流域冬春观赏的重要花卉。它可成片丛植也可作盆景和切花。在园林绿地中可孤植、丛植、群植等；也可在屋前、坡上、石际、路边自然配植。可布置成梅岭、梅峰、梅园、梅溪、梅径、梅坞等。喜光，略耐阴，喜温暖、稍带湿润的气候，不畏寒。喜疏松、富含腐殖质的沙壤。

150

形态特征：高可达10m。小枝绿色。叶片宽卵形或卵形，顶端长渐尖，边缘有细密锯齿。花单生或2朵簇生叶腋，先叶开放，白色或淡红色，芳香。核果近球形，有纵沟，绿色至黄色。

美人梅

宫粉

丰后

151

单瓣碧桃

垂枝桃　绛桃

桃

拉丁名：*Prunus persica*

科属：蔷薇科李属

原产地：原产于我国中部及北部，现在除黑龙江外，全国各地均有栽培，但主要栽培区在北方。

　　落叶小乔木。花色妖艳，盛花期烂漫芳菲、妩媚可爱，是园林绿地中最常见的早春观花植物。适于各处丛植赏花。还可以将各观赏品种栽植在一起，形成碧桃园，布置在山谷、溪畔、坡地等。喜光，不耐阴，耐寒，也耐热，较耐干旱，极不耐涝。喜肥沃而排水良好的土壤，不适于碱性土和黏性土。萌芽力和成枝力较弱。寿命较短。根系浅，不抗风。

形态特征：高达8m。侧芽常3个并生，中间为叶芽，两侧为花芽。叶卵状披针形或矩圆状披针形，先端长渐尖，锯齿细钝或较粗，叶片基部有腺体。花单生，先叶开放或与叶同放，粉红色。核果卵圆形或扁球形，有纵沟，黄白色或带红晕，表面有短柔毛。

紫叶桃

绯桃

菊花桃

白碧桃

桃，分为果桃（食用）和花桃（观赏）。园林中栽培的主要是花桃类型繁多，主要有：碧桃（f. *duplex*），花粉红色，重瓣或半重瓣；白碧桃（f. *albo-plena*），花白色，重瓣；绛桃（f. *camelliaeflora*），花深红色，重瓣；垂枝碧桃（f. *pendula*），枝条下垂，花有红、粉、白等色；紫叶桃（f. *atropurpurea*），叶片紫红色；上面多皱折；花粉红色，单瓣或重瓣。

同属常见栽培种：

山桃（*Prunus davidiana*），原产我国华北、西北山岳地带。小乔木，树干表皮光滑，枝条细长。果实球形，成熟时干裂，不能食用。核圆球形，表面沟纹、刻点较浅。耐寒、抗旱性强。

早春，北方园林中，在碧桃花盛开之前，会有山杏和山桃花次第放。山桃与山杏的区别为：山杏树干为灰黑色，粗糙；山桃树干为紫红色，光亮。此外，山桃花萼筒较短，萼片不反折；山杏花萼筒较长，萼片反折。

山桃

山桃

李

拉丁名： *Prunus salicina*
科属： 蔷薇科李属

原产地： 原产于我国，自东北南部、华北至华东、华中均有分布，东北至黄河流域、长江流域广为栽培。

　　落叶小乔木。花白色，繁密，是花、果兼赏树种，可用于庭园、宅旁、或风景区等。适于于清幽之处配植，或三五成丛，或数十株片植。喜光，亦耐半阴。适应性强，酸性土至钙质土上均能生长，喜肥沃、湿润而排水良好的黏壤土。根系较浅。生长迅速，但寿命较短。

154

形态特征： 高 7～12m。叶倒卵状椭圆形或倒卵状披针形，缘具细钝的重锯齿，叶柄近顶端有 2～3 腺体。花常 3 朵簇生，先叶开放或花叶同放，白色。核果卵球形，具纵沟，绿色、黄色或紫色。

日本樱花

拉丁名：*Prunus × yedoensis*
别名：江户樱花、东京樱花　　科属：蔷薇科樱属

原产地：原产于日本，为日本国花。我国多有栽培，尤以华北及长江流域各城市为多。

　　著名观花树种，花时满株灿烂，甚为壮观。宜植于山坡、庭园、建筑物前及园路旁，或以常绿树为背景丛植。喜光，耐寒，喜空气湿度大的环境，忌低湿。喜肥沃、深厚而排水良好的微酸性土壤，中性土也能适应。根系较浅。不耐盐碱。对烟尘和有害气体的抵抗力较差。

形态特征：落叶小乔木。树皮暗灰色。叶卵状椭圆形至倒卵形，叶端急渐尖，叶缘具芒状单或重锯齿，具1～2个腺体。花白色至淡粉红色，先叶开放，常为单瓣，果实球形或卵圆形，熟时紫褐色。

155

山樱花

拉丁名：*Prunus serrulata*

别名：野生福岛樱、樱花　　科属：蔷薇科樱属

原产地：在我国广泛分于东北、华北、华东、华中等地。

　　落叶乔木。花妩媚多姿，繁花似锦，既有梅花之幽香，又有桃花之艳丽，是重要的春季观赏植物。树体高大，可孤植或丛植于草地、庭前，既可赏花，又可遮荫。如成片种植或群植成林，则花时缤纷艳丽、花团锦簇。喜光，略耐阴，喜温暖、湿润气候，但也较耐寒、耐旱。对土壤要求不严，但不喜低湿和土壤黏重之地，不耐盐碱。浅根性。对烟尘的抗性不强。

形态特征：高10～25m；树皮有横裂皮孔，冬芽长卵形，单生或簇生。小枝红褐色。叶矩圆状倒卵形、卵形或椭圆形，先端渐尖，边缘有尖锐单锯齿或重锯齿，齿尖刺芒状。叶柄顶端有2～4腺体。伞形或短总状花序由3～6朵花组成，叶状苞片篦形，边缘有腺齿；花白色至粉红色。核果球形，黑色，无明显腹缝沟。

日本晚樱

日本晚樱

同属常见栽培变种：日本晚樱（*Prunus serrulata* var.*lannesiana*），原产于日本，落小叶乔木，叶边缘锯齿长芒状，叶柄上部有1对腺体，花2～5朵成伞房花序，大型而芳香，单瓣或重瓣，常下垂，粉红色、白色或黄绿色。

日本晚樱

日本晚樱

日本晚樱

黄山花楸

水榆花楸

花楸

拉丁名：*Sorbus pohuashanensis*

别名：百花花楸、红果臭山槐　　科属：蔷薇科花楸属

原产地：原产于我国东北、西北、华北和山东。

　　落叶乔木。植株高大、冠形多姿，夏季满树盛开密集的白花，入秋鲜红的果实挂满枝头，继而树叶由黄变红，是美丽的观赏树种。喜光，也稍耐阴，抗寒力强，在高温、强光之处生长不良，栽种时应予注意。根系发达，对土壤要求不严，以湿润、肥沃的沙质壤土为好。

形态特征：高可达5m。冬芽大，外被灰白色绒毛。奇数羽状复叶，小叶5～7对，卵状披针形至长披针形，先端渐尖，基部圆形，偏斜，边有细锯齿。复伞房花序；萼片三角形，内侧密生绒毛；花瓣白色，雄蕊多数，花柱3。梨果小，近球形，熟时红色。

同属常见种：北京花楸（*Sorbus discolor*），分布于华北、河南、山东和甘肃。奇数羽状复叶的小叶较小，冬芽外无白色绒毛、总花梗、花梗无毛，果实白色。黄山花楸（*Sorbus amabilis*），零星分布于安徽、浙江、福建等地的部分山区。冬芽外无白色绒毛，叶轴和叶下面中脉上被锈褐色柔毛。果实红色。水榆花楸（*Sorbus alnifolia*，别名凉子木）分布于我国长江流域、黄河流域及东北中南部。单叶，卵形或椭圆状卵形，先端锐尖，基部圆形，边缘有不整齐的尖锐重锯齿。果椭圆形或卵形，红色或黄色。

黄山花楸

黄山花楸

北京花楸

台湾相思

拉丁名：*Acacia confusa*

别名：台湾柳、相思子、洋桂花　　科属：豆科金合欢属

原产地：原产于我国台湾。菲律宾也有分布。华南的热带和亚热带地区均有栽培。

　　落叶乔木。树冠苍翠绿荫，为优良而低维护的行道树、园景树、庭荫树、护坡树。幼树可作绿篱。喜光，喜温暖而畏寒，耐干旱、瘠瘠。对土壤要求不严，根系发达，具根瘤，能固定大气游离氮以改良土壤。速生树种，3～4年生前生长较慢，5～6年生后生长逐渐加快，一般15年生高可达15m，萌生力强。

形态特征：高可达15m以上。苗期第1片真叶为羽状复叶，稍长大后小叶退化，叶柄呈叶状，披针形，弯似镰刀，革质。头状花序，黄色，腋生。荚果扁平。

159

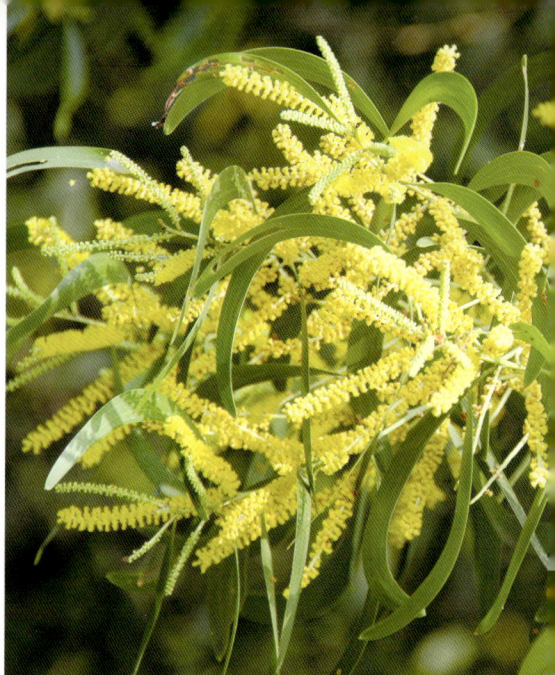

大叶相思

拉丁名：*Acacia auriculiformis*

科属：豆科金合欢属

原产地：原产于巴布新几内亚热带稀疏草原、托雷斯海峡一些岛屿及澳大利亚北部地区。世界各热带地区广泛种植。

常绿乔木。荚果酷似虫子，外形奇特。树冠茂密，可抑制树下的植物生长，故常被种植作隔火林，为热带地区绝佳的防风及造林树木。喜光，喜温暖、潮湿的环境。适宜种植于排水良好的沙质土壤上，也可以在贫瘠、干燥、坚硬的土壤上正常生长。种子繁殖。

形态特征：叶状枝镰状长圆形至椭圆形，长10～20cm，两端渐狭。荚果呈扁圆条状，卷曲成团，木质。化细小，聚生成穗状花序，生于叶腋或枝顶，橙黄色。

银荆

拉丁名： *Acacia dealbata*

别名： 鱼骨松　　**科属：** 豆科金合欢属

原产地： 原产于澳大利亚东南部。我国长江流域及以南地区有引种。

　　常绿乔木。为世界著名速生树种。自然状态为圆头状树冠，整个树形浓密，婀娜多姿。3月中旬至4月上旬的盛花期，满树金黄，成片栽植时，其景甚是壮观。用作公路两旁的行道树及小区绿化颇具特色。也适合作为荒山绿化先锋树种及水土保持树种。喜光，不耐庇荫，喜温暖、湿润气候，耐寒性较强，能耐－8℃的低温。对土壤pH值要求不严，微酸性、中性、微碱性土均能生长，但以土层深厚疏松、排水良好、肥沃的沙壤土为好。

形态特征： 高约25m。小枝柔软。二回羽状复叶，羽片10－40对，小叶线形，银灰色或灰蓝色，被短绒毛。花为头状花序，金黄色，有香气。

161

海红豆

拉丁名：*Adenanthera pavonina* var. *microsperma*
别名：孔雀豆、红豆、相思树、相思格　　**科属**：豆科海红豆属

原产地：原产于福建、台湾、广东、海南、广西、贵州、云南等地。

　　落叶乔木。树姿婆娑秀丽，叶色翠绿雅致，冬季凋零，初春吐绿，为热带、南亚热带优良的园林风景树。宜在庭院中孤植。喜光，稍耐阴，喜温暖、湿润气候。对土壤条件要求较严格，喜土层深厚、肥沃、排水良好的沙壤土。

形态特征：高5～10m，树冠宽伞形。二回偶数羽状复叶；叶互生，羽片3～5对，对生；小叶4～7对，互生，长圆形或卵圆形，两端圆钝，总状花序单生于叶腋或在枝顶排成圆锥花序，花小，白色或黄色，有香味。荚果狭长盘旋，开裂后果瓣旋卷；种子鲜红色，有光泽。

南洋楹

拉丁名：*Albizia falcataria*

别名：仁仁树　　　科属：豆科合欢属

原产地：原产于东南亚及南太平洋地区。我国福建、广东、海南等地有栽培。

　　常绿大乔木。树干通直，树形美观，树冠稀疏，嫩树淡绿色。可作庭园绿荫树种栽植，在岭南地区很有发展前途。喜光，不耐庇荫，喜暖热、多雨气候。喜肥沃、疏松、湿润土壤。根系发达，有根瘤菌，能固氮以改善自己的营养条件。是世界上生长最快的树种之一，萌芽性强。

形态特征：高可达45m，树冠宽伞形。二回羽状复叶，羽片11～20对，上部常常对生，下部有时互生；小叶18～20对，细小，对生，无柄，菱状矩圆形。穗状花序，腋生，花萼钟状，花冠淡白色。荚果狭带形，熟时开裂。

163

楹树

拉丁名： *Albizia chinensis*

别名： 牛尾木　　**科属：** 豆科合欢属

原产地： 原产于福建、湖南、广东、广西、云南、西藏。亚洲热带和亚热带都有分布。我国华南有栽培。

　　落叶乔木。树冠开展，叶片纤细犹如鸟类的羽毛；花冠黄绿色，色淡素雅，春末夏初开花。是优美的庭园风景树和绿荫树。喜光，耐半阴，喜温暖、湿润气候，不耐寒，不抗风。生长迅速，适合于在岭南地区作行道树。

形态特征： 高达30m余，树冠宽伞形。树皮厚，具红色大型皮孔，内皮红色。嫩梢常为鲜红色。二回羽状复叶，互生，叶柄基部及总轴上有腺体；羽片5~20对，每一羽片有小叶20~40对；小叶线状长圆形。头状花序3~6个排成圆锥状，雄蕊绿白色。

合欢

拉丁名：*Albizia julibrissin*

别名：夜合树、绒花树、鸟绒树、绒仙树　　科属：豆科合欢属

原产地：原产于我国黄河流域及以南各地。全国各地广泛栽培。

　　落叶乔木。姿态优美，叶形雅致，盛夏绒花满树，有色有香，能形成轻柔、舒畅的气氛。宜作庭荫树、行道树，种植于林缘、房前、草坪、山坡等地。喜光，喜温暖、湿润环境，对气候和土壤适应性强，宜在排水良好的肥沃土壤上生长，也耐瘠薄土壤和干旱气候。

形态特征：高4～15m，树冠宽伞形，二回偶数羽状复叶，互生；羽片4～12对；小叶10～30对，长圆形至线形，两侧极偏斜。花序头状，多数，伞房状排列，腋生或顶生；花绿白色，雄蕊多数，花丝粉红色，伸出花冠外，如绒缨状。荚果线形，扁平。

阔荚合欢

拉丁名：*Albizia lebbeck*

别名：白夜合、大合欢、大叶合欢、缅甸合欢、印度合欢

科属：豆科合欢属

原产地：原产于非洲、亚洲的热带及亚热带地区。我国华南地区广泛栽培。

　　落叶乔木。春天新芽嫩绿，夏季浓荫蔽天，并有粉扑状的花朵缀满枝头；秋天扁荚高悬，随风摇曳，甚为有趣。为良好的庭园风景树或行道树。喜光，喜温暖、湿润环境，对气候和土壤适应性强，宜在排水良好、肥沃的土壤中生长。

166

形态特征：高8～12m，树冠半圆球形。二回偶数羽状复叶，叶柄近基部有1枚腺体，羽片2～4对，斜距圆形，长斜。头状花序2～4个，伞房状排列，生于上部叶腋；花冠黄绿色，雄蕊白色或黄绿色，伸山花冠外。荚果扁平，条状。

白花羊蹄甲

拉丁名：*Bauhinia acuminata*

别　名：老白花皮、白花洋紫荆、尖叶羊蹄甲

科　属：豆科合欢属

原产地：原产于我国云南、广西、广东、海南等地。印度、马来半岛、越南、菲律宾也有分布。

　　落叶小乔木或灌木。花数朵聚生，香气浓郁，是良好的观花树种。喜光，喜温暖、湿润气候。在排水良好的酸性沙壤土生长良好。

形态特征：高5～8m。叶互生，具长柄，圆形或阔卵形，革质，先端2裂，裂片先端急尖或渐尖。总状花序腋生；小花3～15，白色与黄色。荚果带状扁平。周年开花。

红花羊蹄甲

拉丁名：*Bauhinia blakeana*

别名：洋紫荆、红花紫荆、香港樱花、艳紫荆、洋樱花

科属：豆科合欢属

原产地：为羊蹄甲（*B. purpurea*）和宫粉羊蹄甲（*B. variegata*）的杂交种，在我国福建、广东、海南、香港、广西、云南等地有栽培。为香港特区区花。

　　常绿乔木。树冠美观，花大且多，色艳，芳香，是华南地区主要园林观花树种之一。可作为园景树、庭荫树或行道树，亦可用于海边绿化。热带树种，喜高温、潮湿、多雨的气候，有一定耐寒能力，我国北回归线以南的广大地区均可露地越冬。适应肥沃、湿润的酸性土壤。

168

形态特征：树高6～10m。叶革质，圆形或阔心形，顶端二裂，状如羊蹄，裂片约为叶全长的1/3，裂片端圆钝。总状花序有时分枝而呈圆锥花序状，花红色或红紫色，花瓣5，形如热带兰花状，有近似兰花的清香。花后不结实。

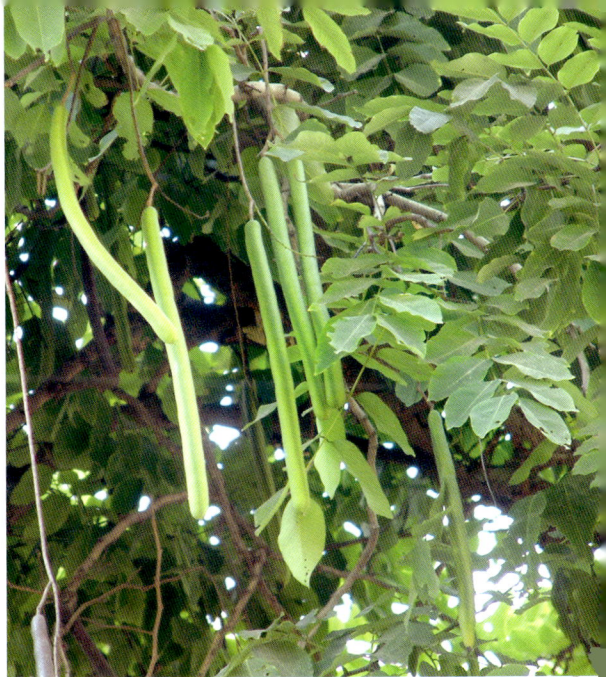

腊肠树

拉丁名：*Cassia fistula*

别名：牛角树、阿勃勒、波斯皂荚、猪肠豆   科属：豆科决明属

原产地：原产于热带非洲，除我国南方有栽培外，在印度、缅甸和斯里兰卡也有分布。

落叶乔木。是美丽的庭园观赏树。初夏开花时，满树长串状金黄色花朵，极为美观；如与红花品种搭配配置观赏性更佳。果实十分奇特，圆柱形的荚果，长30～60cm，成熟时黑褐色，好像一根根煮熟了的腊肠挂在树枝上。为热带树种，喜光，耐半阴，喜温暖和湿润气候，耐热，耐旱，耐瘠，忌积水，怕霜冻，不耐寒，能耐最低温度为－2～－3℃。生长快，萌芽力强，易移植。在干燥、瘠薄的壤土中也能生长。适合岭南地区栽培。

形态特征：高可达10～15m。偶数羽状复叶，叶柄及总轴上无腺体，小叶4～8对，宽卵形至椭圆状卵形。总状花序疏散，下垂，花淡黄色，径约4cm。荚果圆柱形，黑褐色，不开裂。

169

粉花山扁豆

拉丁名：*Cassia nodosa*
别名：美丽花、粉花决明　　科属：豆科决明属

原产地：原产于亚洲热带地区。我国云南、广东、广西南部及海南岛等地有少量栽培。

　　半落叶乔木。叶片浓密，树冠圆整广阔，粉红色的花朵从夏至秋，次第开放，果形奇特，状如腊肠，是观赏价值很高的乔木花卉。可作为优良的庭荫树、行道树种，也可丛植或孤植于庭园、公园、水滨等处。喜光，稍耐阴，喜温暖、湿润环境，能耐高温酷暑，不耐寒冷霜冻。以肥沃、排水良好的沙质土壤为佳。萌芽力强，栽培过程中要注意修剪侧枝、培育主干，才能作为庭荫树、行道树应用。

形态特征：高10m以上。一回偶数羽状复叶，互生；小叶对生或近对生。总状花序合成大圆锥花序，小花粉红色，萼5深裂，覆瓦状排列；花瓣5。荚果革质。种子多数，种子间有隔膜。

铁刀木

拉丁名： *Cassia siamea*

别　名： 泰国山扁豆、孟买黑檀、孟买蔷薇木、黑心树、暹罗槐、暹罗决明

科　属： 豆科决明属

原产地： 原产于亚洲热带。我国福建、台湾、广东、广西的南部，云南南部和西部，海南都有栽培。

　　常绿乔木。枝叶苍翠，叶茂花美，开花期长，开花能诱蝶。属低维护优良园景树、行道树、庭荫树。单植、列植、群植均可。喜强光，不耐阴，喜高温，耐热，耐旱，耐湿，耐瘠，怕霜冻。耐碱。抗污染。易移植，生长快。

　　铁刀木因材质坚硬，刀斧难入而得名。它萌蘖力强，枝叶生长快，易燃，火力旺。在我国云南西双版纳地区的傣族村寨旁常见栽培作薪炭林。

171

形态特征： 高可达20m，小枝粗壮具棱。偶数羽状复叶；小叶6～11对，薄革质，长椭圆形。花为伞房状总状花序，腋生或顶生，排成圆锥状，花黄色。荚果条状扁平。

黄槐

拉丁名：*Cassia surattensis*

别名：凤凰花、粉叶决明、黄槐决明　　　**科属**：豆科决明属

原产地：原产于印度、斯里兰卡、东南亚及大洋洲。我国东南部及南部引种栽培。

常绿灌木或小乔木。枝叶茂密，树姿优美。花期长，花色金黄灿烂，富热带特色。为美丽的观花树、庭园树和行道树。喜光，耐半阴，喜高温、多湿气候。耐旱，不抗风。

形态特征：高5～7m。分枝多，开散。偶数羽状复叶；叶柄上有2～3枚棍棒状腺体；小叶7～9对，长椭圆形或卵形。伞房状花序生于枝条上部的叶腋，花黄色或深黄色；能育雄蕊10，下方2枚花丝较长。荚果条形。

172

巨紫荆

拉丁名： *Cercis gigantean*

别名： 天目紫荆、罗钱树、满条红　　**科属：** 豆科紫荆属

原产地： 原产于我国浙江、安徽、河南、湖北、湖南、广东、贵州等地。

　　落叶乔木。花似紫荆而树体高大，开花时十分壮观。为美丽的园林观赏树种，适合绿地孤植、丛植，或与其他树木混植。喜光，畏水湿，较耐寒。宜栽植于肥沃、排水良好的土壤上。最适合于长江流域地区栽培应用，北限可达河北、北京、山西等地。

形态特征： 高15m。小枝灰黑色，皮孔淡灰色。叶心脏形或近圆形，叶柄红褐色，先端短尖，基部心形。花在叶前开放，簇生于老枝上，花淡红或淡紫红色，形似紫蝶，花期达半月之久。荚果暗红色。

173

凤凰木

拉丁名：*Delonix regia*

别名：凤凰树、火树、红花楹、楹树、金凤花　　科属：豆科凤凰木属

原产地：原产于非洲马达加斯加。世界各热带、暖亚热带地区广泛引种。

　　落叶大乔木。树冠高大，分枝多而开展，花期花红叶绿，满树如火，富丽堂皇，"叶如飞凰之羽，花若丹凤之冠"，故名凤凰木，是著名的热带观赏树种。宜做行道树、遮荫树。喜光，喜高温、多湿的环境，阳光充足时，冠幅大，花色鲜红，生长适温20～30℃，不耐寒，冬季温度不低于5℃，怕积水，耐干旱。以深厚、肥沃，富含有机质的沙质壤土为宜。抗空气污染。萌发力强，生长迅速。2年生高可达3～4m，种植6～8年始花，1～8cm胸径的，冠幅可达8～10m²。

形态特征：高达20m，树冠广阔伞形。二回羽状复叶互生，长20～60cm，有羽片15～20对；小叶20～40对，密生，细小，长椭圆形，全缘。总状花序伞房状，顶生或腋生，长20～40cm；花大，花瓣、雄蕊红色。荚果带状或微弯曲呈镰刀形，扁平，下垂。

南岭黄檀

拉丁名：*Dalbergia balansae*

别名：南岭檀、水相思、黄类树、茶丁藤　　　科属：豆科黄檀属

原产地：主产于我国南岭，浙江、福建、广东、海南、广西、四川、贵州等地均有分布。越南也有。

　　落叶乔木。庭荫树或风景树。中性偏喜光，喜温暖、湿润气候。在土层深厚、肥沃、湿润的微酸性红壤或黄壤土上生长良好；在较干旱的贫瘠山区生长不良，易衰老。适合长江以南地区栽培。

　　为珍贵用材树种；紫胶虫的寄主树种。

形态特征：高6～15m。羽状复叶长10～15cm；小叶6～7对，纸质，长圆形或倒卵状长圆形。圆锥花序腋生，疏散，花冠白色，旗瓣圆形。荚果舌状或长圆形。

鸡冠刺桐

拉丁名：*Erythrina crista-galli*

别名：巴西刺桐、鸡冠豆、海红豆、冠刺桐、象牙红

科属：豆科刺桐属

原产地：原产于巴西、秘鲁，及菲律宾、印度尼西亚。我国华南地区引种栽培。

　　落叶小乔木。树态优美，树干苍劲古朴，花繁且艳丽，花形独特，花期长，红色华美的花朵辉煌夺目，具有较高的观赏价值。孤植、群植、列植于草坪上、道路旁、庭园中均可，或与其他花木配植。喜光，喜高温，但具有较强的耐寒能力，生性强健，耐旱。对土壤要求不严，耐贫瘠，还耐盐碱，但在排水良好的肥沃壤土或沙质壤土上生长最佳。生长快，耐剪、抗污染、易移植。北方盆栽时，越冬温度应保持4℃以上。

177

形态特征：三出复叶，革质，全缘，小叶柄基部有一对腺体，叶呈菱形或卵形。花腋生，总状花序；蝶形花冠，橙红色，旗瓣倒卵形特化成匙状，与龙骨瓣等长，宽而直立。荚果。种子栗棕色，圆柱状。

刺桐

拉丁名：*Erythrina variegata* var. *orientalis*
别名：山芙蓉、空桐树、木本象牙红　　科属：豆科刺桐属

原产地：原产于印度至大洋洲海岸林中。我国南方各地均有栽培。

落叶大乔木。花形奇特，花色艳丽，花序长达50cm，为南方庭院、街道、公园等处的冬季观花树种，可作行道树栽培。喜光，喜温暖、湿润的环境，耐旱也耐湿，不甚耐寒，越冬温度保持15℃左右，不能低于4℃。对土壤要求不严，喜肥沃、排水良好的沙壤土。性强健，萌发力强，生长快。

形态特征：高可达20m。枝上有黑色直刺。羽状复叶具3小叶，常密集枝端；叶柄长10～15cm，小叶膜质，宽卵形或菱状卵形。总状花序顶生，上有密集，成对着生的花；花冠红色。荚果黑色，肥厚。种子肾形，暗红色。

同属常见栽培种：鹦哥花（*Erythrina arborescens*），又称刺木通、乔木刺桐，大乔木，花密集于总状花梗顶部，红色；龙牙花（*Erythrina corallodendrom*）顶生小叶菱形，稀疏总状花序，花深红色；纳塔尔刺桐（*Erythrina humeana*）；劲直刺桐（*Erythrina stricta*）；绿刺桐（*Erythrina herbacea*）等。

鹦哥花

纳塔尔刺桐

劲直刺桐

龙牙花

绿刺桐

花榈木

拉丁名：*Ormosia henryi*
别名：花梨木、降香黄檀、臭木、臭桐柴　　　　**科属**：豆科红豆树属

原产地：原产于全球热带地区。我国分布于长江以南地区。南岭以南地区有栽培。

　　常绿小乔木。树形姿态优美，枝繁叶茂，四季翠绿，夏日繁花满树，秋季开裂的荚果上附着红艳的种子，悬挂在绿叶丛中，蔚为美观。在园林中，常作行道树、庭荫树、园景树、列植、孤植或片植。中性树种，较喜光，大树在阳光充足的条件下，生长发育旺盛，枝繁叶茂，花果累累；幼苗则需要适当遮荫。喜湿润、温暖，土层深厚、排水良好的环境，当环境干燥、土层瘠薄时则生长不良。生长速度中等，寿命长。少病虫害。根系发达。

形态特征：高可达13m。小枝密被灰黄色绒毛，裸芽。奇数羽状复叶；小叶5～9，长圆形、长圆状卵形，上面无毛，下面密被灰黄色绒毛。腋生或顶生圆锥花序或为顶生总状花序；花蝶形，黄白色。荚果扁平。种子鲜红色。

红豆树

拉丁名：*Ormosia hosiei*

别名：江阴红豆树、花榈木、花梨木   **科属**：豆科红豆树属

原产地：我国特有种，原产于长江流域以南各地。

　　半常绿乔木。树冠浓荫覆地，树姿优雅，叶色亮绿，种子鲜红，是优良的园林绿化树种。幼时耐阴，成树较喜光，喜温暖、湿润气候，较耐寒。适生于肥沃、深厚、排水良好的酸性或中性土壤。深根性树种，在土壤肥润、水分条件较好处生长快，干形较好。寿命较长，具萌芽力，能天然播种更新。其种子鲜红、圆润或具黑色斑纹，光泽美丽，玲珑可爱，常用以做项链、耳饰等装饰品。木材为珍贵用材。

181

形态特征：高达 10～20m。幼树树皮灰绿色。奇数羽状复叶；小叶 5～7，稀 9，近革质，椭圆状卵形或长椭圆形，先端急尖。圆锥花序顶生或腋生，花序轴被毛；花两性，萼密生黄棕色短柔毛，花冠白色或淡红色。荚果扁，革质或木质，近圆形，内含 1～2 粒种子，鲜红色。

盾柱木

拉丁名： *Peltophorum pterocarpum*

别名： 闲芙木、双翼豆、盾柱树、黄焰木　　　**科属：** 豆科盾柱木属

原产地： 原产亚洲热带地区至大洋洲北部。我国广东、云南及台湾均有栽培。

　　落叶乔木。冠大荫浓，盛夏开黄色花，鲜艳夺目，是优良的行道树及庭荫树种。热带花木，喜光，也较耐阴，幼苗需遮荫，喜温暖、湿润环境，能耐高温、酷暑，不耐寒。对土质要求不严，以肥沃、深厚、排水良好的沙质土壤为佳。还是用材树种。

形态特征： 高4～15m。幼枝被锈色毛，老枝具黄色细小皮孔。二回羽状复叶，互生；小叶7～20对，对生，革质，全缘。圆锥花序顶生或腋生；花具芳香，萼5深裂，花瓣5，黄色，长椭圆形或近圆形，与萼片均覆瓦状排列；雄蕊10，花丝分离，基部有束毛；子房具柄，柱头盘状，3裂。荚果纺锤形，两端尖，扁平，沿两缝线具翅。种子2～4粒。

中国无忧花

拉丁名：*Saraca dives*

别名：火焰花、芭蕾木　　科属：豆科无忧花属

原产地： 原产于我国云南东南部、广东和广西南部。国外越南、老挝有分布。

常绿乔木。树姿雄伟；叶大翠绿，稍微下垂；花序大，花期长，着花多而密，盛花期花开满枝头，如熊熊火焰，有"火焰花"之称；株形与叶形飘逸，具有极高的观赏价值，为南方地区街道、庭园、公园及机关厂矿的优良绿化树种。喜光、喜温暖、湿润的亚热带气候，不耐寒。要求排水良好，湿润、疏松、肥沃的沙质土壤。适合热带、南亚热带地区栽培。

形态特征： 高可达10m，树冠较大，羽状复叶，长30～50cm，卵形，深绿色；花朵较多，常簇生于枝顶，花形杯状，较大，花色艳红，花瓣边缘有一圈金黄色。荚果长圆状披针形，木质，种子5～9粒。

183

垂枝无忧花

刺槐

拉丁名：*Robinia pseudoacacia*

别名：洋槐　科属：豆科合刺槐属

原产地： 原产于北美。现广泛引种到亚洲、欧洲等地。我国引种已遍及华北、西北、东北南部的广大地区。以黄河中下游和淮河流域为中心。

落叶乔木。生长迅速，树冠宽大、荫浓，可作为行道树、庭荫树。夏季花素雅而芳香；冬季落叶后，枝条嵯峨，造型有国画韵味。喜光，喜温暖、湿润气候，适应性很强，有一定抗旱能力，不耐水湿，怕风。对土壤要求不严，对土壤酸碱度不敏感。生长快，是世界上重要的速生树种。根部有根瘤，有提高地力之功效。是工矿区绿化及荒山荒地绿化的先锋树种。

形态特征： 高10～20m。枝具托叶性针刺，奇数羽状复叶，互生；具9～19小叶，小叶片卵形或卵状长圆形，全缘。总状花序腋生，花冠白色，芳香。荚果扁平，线状长圆形。

常见栽培品种： 金叶刺槐（'Aurea'）：叶片黄色。香花槐（'Idaho'）：原产西班牙、朝鲜。花序腋生，花红色，芳香，花期长。有少量小刺，不结种子。

金叶刺槐

香花槐

香花槐

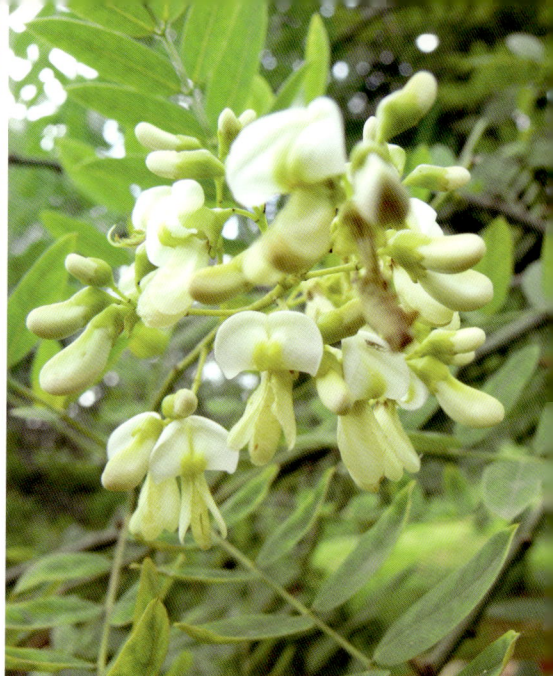

国槐

拉丁名：*Sophora japonica*

别名：槐树、槐蕊、豆槐、白槐、细叶槐、金药材、护家槐、六年香、中槐

科属：豆科槐属

原产地：原产于我国北部，是华北平原和黄土高原的乡土树种。全国各地引种栽培。

　　落叶乔木。树冠庞大，枝多叶密，绿荫如盖，速生性较强，寿命长，是我国北方庭院绿化的传统树种之一。耐烟尘,；对二氧化硫、氯气等有毒气体有较强的抗性，是城乡良好的遮荫树和行道树种。喜光，稍耐阴，不耐湿而耐旱、耐寒。对土壤要求不严，较耐瘠薄，在湿润、肥沃、深厚、排水良好的沙质土壤上生长最佳。

形态特征：高15～25m。小枝绿色。皮孔明显。羽状复叶长15～25cm。小叶9～15，卵状长圆形。圆锥花序顶生。花冠乳白色。荚果肉质，串珠状。

是春季蜜源树种，槐花蜜具有清热、去湿、利尿、凉血、补中、解毒、润燥之功效，为蜜中上品，较适用于心血管病人的保健食用。

龙爪槐

金枝槐

常见栽培品种：紫花槐（*S. japonica* var. *pubescens*），小叶15～17枚，花的翼瓣和龙骨瓣常带紫色，花期最迟；金枝槐（*S. japonica* 'Aurea'），侧生小叶下部常有大裂片，叶背有毛，枝条黄色；龙爪槐（*S. japonica* 'Pendula'），树冠如伞，大枝弯曲扭转，小枝下垂。

文旦

柚

拉丁名：*Citrus grandis*

别名：柚子、朱栾、雷柚、气柑、橡皮果、泡果　　　科属：芸香科柑橘属

原产地：原产于我国长江以南各地。越南、印度、斯里兰卡、缅甸等国也产。

　　常绿小乔木。为亚热带主要果树之一。树冠圆整，果实大，秋季柠檬黄色大果点缀于枝头，奇特而美丽，是长江以南亚热带地区较常见的观大型果植物。喜光，稍耐阴，喜温暖、湿润环境，不耐寒。栽培以肥沃、深厚、排水良好的微酸性壤土为佳。

形态特征：高3～6m。小枝扁，被柔毛，有刺。单身复叶，叶宽卵形至椭圆状卵形，有钝锯齿，叶柄有倒心形宽翅。总状花序，稀单花腋生；花瓣反曲。柑果大，球形至扁球形或梨形；果皮平滑，不易剥离，淡黄色或黄绿色，海绵质。

柚有很多品种，像文旦、沙田柚、金丝柚都是柚的品种。

根、叶及果皮可药用。

脐橙

甜橙

拉丁名：*Citrus sinensis*

别名：橙、黄果、金球、鹅壳　　　科属：芸香科柑橘属

原产地：原产于我国南部及亚洲的中南半岛。在我国长江流域以南的各省（自治区）均有栽培。15世纪初期从我国传入欧洲，15世纪末传入美洲。

　　常绿小乔木。枝叶茂密，四季常青，春季白花满树，秋季果实累累，挂果期长，是著名观果树种。较耐阴，喜温暖，不耐寒。对土壤酸碱度的适应性较广，要求土质肥沃、透水透气性好。主要分布在年平均温度15℃以上的地区。甜橙枝梢和种子萌芽最低温度13℃。

形态特征：高2~5m，树冠圆头形，分枝多，小枝呈扁压状的棱角，无刺或稍有刺，叶退化呈单叶状，叶翼窄，和叶交结处有显明的隔痕。叶片椭圆形，先端渐尖，基部阔楔形，革质，花萼杯状，果圆形至长圆形，果皮淡黄、橙黄或淡血红色，较韧滑。

甜橙有很多品种，广柑、脐橙、血橙都是甜橙的品种。

橘

拉丁名：*Citrus reticulata*
别名：桔　　**科属**：芸香科柑橘属

原产地：原产于我国长江以南，江南各地普遍栽培。

常绿小乔木。著名的观赏和食用果木，枝叶茂密，四季常青，春季白花满树，秋季果实累累，挂果期长。可孤植或数株丛植于庭院各处；或在公园中小片丛植。还可盆栽观赏。性喜温暖、湿润气候，越冬温度不能过低，不同品种能耐最低温度在－9～－4℃。对土壤的适应范围较广，紫色土、红黄壤、沙滩和海涂，pH值4.5～8均可生长，以pH值5.5～6.5为最适宜。

形态特征：高约2～4m。小枝较细弱，无毛，通常有刺。单叶，互生，长卵状披针形。花黄白色，单生或簇生叶腋。果扁球形，径5～7cm，橙黄色或橙红色，果皮薄，易剥离。

千头椿

臭椿

拉丁名：*Ailanthus altissima*

别名：臭椿皮、大果臭椿　　**科属**：苦木科臭椿属

原产地：原产于我国，分布几遍全国。

　　落叶乔木。树干通直高大，叶大荫浓，是良好的观赏树和庭荫树，可孤植、丛植或与其它树种混栽。它对烟尘与二氧化硫的抗性较强，病虫害较少，适宜于工厂、矿区等绿化。在印度、法国、德国、意大利、美国等国常作行道树用，颇受赞赏。喜光，不耐阴，耐寒，耐旱，不耐水湿。除黏土外，各种土壤都能生长，最适于深厚、肥沃、湿润的沙质土壤。

形态特征：高可达30m，树冠半球状。树皮不条裂，灰黑色。奇数羽状复叶；小叶13～41枚，披针形或卵状披针形，近基部有粗齿2～4个。圆锥花序较大，顶生；花杂性。翅果具1种子。

191

常见栽培品种：千头椿（'Qiantou'），树冠整齐，丰满，适应性强，生长迅速，耐盐碱，萌蘖力强，为我国黄土高原和华北石质山地造林的先锋树种，也是盐碱地的水土保持和土壤改良用树种。

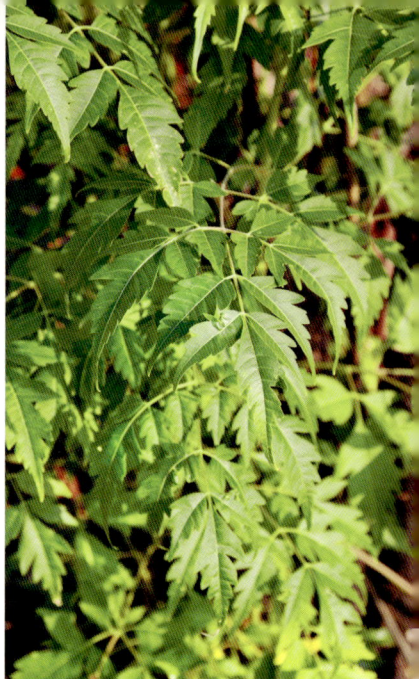

楝树

拉丁名：*Melia azedarach*

别名：苦楝　　**科属**：楝科楝属

原产地：主产于亚洲南部和澳大利亚。我国的华北、华中、华南、西南等地有分布。

　　落叶乔木。树形优美，叶形秀丽，春夏之交开淡紫色花朵，有淡香，秋季金黄色、红色的果实颇为美丽，宜作庭荫树及行道树。耐烟尘，耐二氧化硫，是工厂、城市、矿区的优良绿化树种。喜光，不耐阴，喜温暖、湿润气候，耐寒力强。对土壤要求不严，在酸性、中性、钙质土及盐碱土上均可生长。萌芽力强。

形态特征：高可达25m。小枝呈轮生状，叶痕和皮孔明显。叶互生，二至三回羽状复叶，长20~40cm，小叶对生，卵形、椭圆形或披针形，先端短渐尖，基部楔形或宽楔形，多少偏斜，边缘具锯齿或浅钝齿，具特殊香味。圆锥花序与叶近等长，花浅紫色或白色。核果黄绿色或淡黄色，近球形或椭圆形。

桃花心木

拉丁名：*Swietenia mahogani*
别名：小叶桃花心木　　**科属**：楝科桃花心木属

原产地：原产于南美洲。我国福建、台湾、广东、广西、海南及云南等地有栽培。

　　半落叶大乔木。为热带雨林的上层树种。树干通直、高大，枝叶繁茂，树形美观。叶片翠绿盎然，是优良的庭荫树和行道树。冬季至翌年早春有半落叶现象，初春落叶后迅即萌换新叶。喜光，喜高温、耐旱。幼株期不耐旱，应注意适当浇水。可用播种法繁殖，春、秋季为播种期。

形态特征：在产地雨林中可高达50m，我国栽培的高达15 m以上。偶数羽状复叶；小叶3～6对，斜卵形，全缘。聚伞花序呈圆锥状；花小型，黄绿色。果实卵形，长8～15cm，宽2～5cm，外具5纵棱。

193

木材为淡红色，径切面具有美丽的特征性条状花纹，由此而得名。心材花纹美观，加工性好，抗虫蚀，是世界著名的珍贵用材树种。

香椿

拉丁名：*Toona sinensis*

别名：山椿、虎目树、春芽树、椿、红椿、椿树　　　　**科属**：楝科香椿属

原产地：原产于我国。各地广为栽培。

　　落叶乔木。枝叶茂密，树干耸立，树冠庞大，嫩叶红艳，是良好的庭荫树及行道树，在庭前、院落、草坪、斜坡、水畔均可配植。喜光，不耐庇荫。适生于深厚、肥沃、湿润之砂质壤土，在中性、酸性及钙质土上均生长良好，也能耐轻盐渍，较耐水湿，有一定的耐寒力。深根性、萌芽、萌蘖力均强，生长速度中等偏快。对有毒气体抗性较强。

形态特征：高达25m。偶数羽状复叶，互生，长25～50cm，有特殊气味；小叶10～22，卵状披针形至卵状椭圆形，先端尾尖，基部不对称。叶缘有疏锯齿。小聚伞花序排列成圆锥花序，顶生，小花白色，芳香。蒴果椭圆形或卵圆形，5瓣裂。

香椿头（嫩芽）鲜香可口，风味独特，而且营养价值较高，我国民间自古就有春季采食其嫩芽的习俗，为农村"四旁"喜栽树种。

石栗

拉丁名：*Aleurites moluccana*

别名：烛果树、黑桐油树、铁桐、油果　　**科属**：大戟科石栗属

原产地：原产于马来西亚及夏维夷群岛。我国华南有栽培。

　　常绿乔木。树冠宽广，生长迅速，遮荫效果好，华南地区多作庭园树栽植，也可用作行道树。但抗风力弱，枝条易被风折。喜光，喜温热气候及排水良好的沙壤土。深根性，速生，抗风，耐旱。萌芽力强。

形态特征：高可达20m，叶互生，二型；卵形至心形，长10～20cm，全缘，或3～5浅裂，叶背灰白色，被星状毛，花单性，雌雄同株，圆锥花序顶生，花乳白色至乳黄色。核果圆球形，径5～6cm，具纵棱。种皮木质，坚硬如石。

195

果实含油量高达65%～70%，生产工业用油和生物柴油的经济树种。

秋枫

拉丁名：*Bischofia javanica*

别　名：茄冬、秋风子、红桐、过冬梨、朱桐树、乌杨、常绿重阳木

科　属：大戟科重阳木属

原产地：原产于我国南部。越南、印度、日本、印度尼西亚至澳大利亚也有分布。

　　常绿或半常绿乔木。树冠展开，枝叶茂密，绿荫抗风。春季开花前有短暂的落叶现象，新叶淡红，秋叶变红，为优良的庭荫树、园景树和行道树。果实为白头翁及绿绣眼等鸟类爱食，适合营造生态园林。喜光，耐水湿，不耐寒。在湿润、肥沃的壤土上生长快。抗风力强，寿命长。

形态特征：高可达40m。三出复叶互生；小叶卵形或长椭圆形，长7～15cm，先端渐尖，缘具粗钝锯齿。圆锥花序下垂。果球形，熟时蓝黑色。

阔叶树种

196

重阳木

拉丁名: *Bischofia polycarpa*

别名: 乌杨、茄冬、秋枫　　科属: 大戟科重阳木属

原产地: 原产于秦岭、淮河流域以南至福建和广东的北部, 长江中下游平原农村搭呐详多见栽培, 华北地区有引种。

　　落叶乔木。树姿优美, 冠如伞盖, 花叶同放, 花色淡绿, 秋叶转红, 艳丽夺目, 是良好的庭荫树和行道树种。用于堤岸、溪边、湖畔和草坪周围作为点缀极有观赏价值。喜光, 也稍耐阴, 喜温暖、湿润的气候, 适应能力强, 生长快速, 较耐水湿, 耐寒能力弱。喜深厚、肥沃的砂质土壤, 对土壤的酸碱性要求不严。抗风, 抗有害气体。

197

形态特征: 高达15m, 全株光滑无毛。三出复叶, 互生, 具长叶柄, 叶片长圆卵形或椭圆状卵形, 先端突尖或渐尖, 基部圆形或近心形, 边缘有钝锯齿。腋生总状花序, 花雌雄异株, 春季与叶同时开放, 花小, 淡绿色。果实球形浆果状, 熟时红褐或蓝黑色。

蝴蝶果

拉丁名：*Cleidiocarpon cavaleriei*

别名：密壁、猴果、山板栗　　　**科属**：大戟科蝴蝶果属

原产地：我国原产于贵州、云南和广西等地。越南和缅甸也有。广东、海南有栽培。

　　常绿乔木。树形美观，枝叶浓绿，是四旁和城镇绿化的好树种。偏阳性树种，有一定的耐寒力，在极端最低温－3℃左右尚能正常生长。幼苗和幼树易受冻害。对土壤的适应性较广，自然界多生长在石灰岩山上，在沙壤土或轻黏土上都能生长；在石砾土和重黏土上则生长不良。树干高生长快，分枝少，冠幅小。

形态特征：高可达30m。幼枝、花枝、果枝均有星状毛。叶互生，常集生小枝顶端，椭圆形或长圆状椭圆形，全缘。圆锥花序，顶生，花单性，同序，由众多的雄花和1~3朵雌花组成，雄花较小，在上部，雌花较大，在下部。果实核果状，单球形或双球形。种子近球形。花期4~5月。

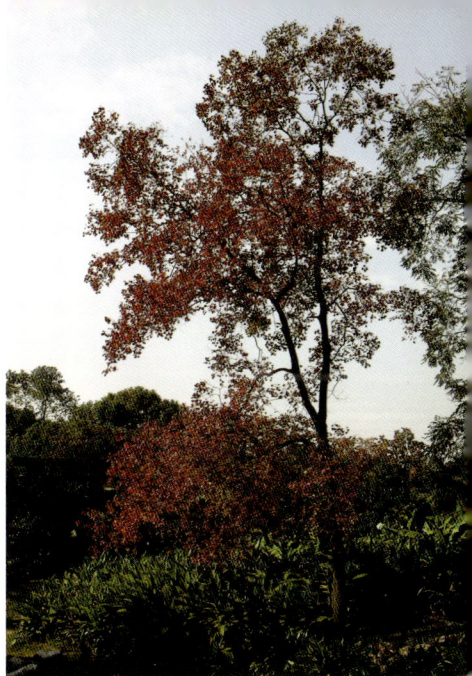

乌桕

拉丁名：*Sapium sebiferum*

别名：蜡子树、桕子树、木油树、木梓、油梓　　**科属**：大戟科乌桕属

原产地：原产于我国秦岭、淮河流域以南。日本、越南、印度有分布。

　　落叶乔木。树冠整齐，叶形秀丽，秋叶经霜后如火如荼，十分美观。宜于庭园、公园、绿地孤植、丛植或群植，也可于池畔、溪流旁、建筑周围作庭荫树。喜光，耐寒性不强，年平均温度15℃以上，年降雨量750mm以上地区都可生长，能耐短期积水，亦耐旱，最适合长江流域地区栽培。对土壤适应性较强，以深厚、湿润、肥沃的冲积土上生长最好。

199

形态特征：高达15m，小枝细。叶互生，菱形或菱状卵形，叶急尖，具长短不等的尖头，基部阔楔形或钝，全缘。叶柄细长，顶端有2腺体。花单性，雌雄同株，聚集成顶生的总状花序，花黄绿色。蒴果梨状球形，黑褐色，熟时开裂。种子黑色，外被白蜡，宿存在果轴上经冬不落。

乌桕为重要经济树种，种子可榨油，用途较多。其叶、果实均有毒，要注意避免食用，汁液避免接触。

木油桐

拉丁名：*Vernicia montana*

别　名：千年桐、山桐子、桐油果、乌龟桐、五爪桐、皱果桐

科　属：大戟科油桐属

原产地：我国原产于长江以南各地。越南、泰国、缅甸有分布。

　　半落叶乔木。树姿优美，春夏之交开花，雪白壮观，为优良的园景树、行道树、遮荫树。开花能诱蝶。喜光，幼树耐阴，耐热，不耐寒，耐旱，耐瘠。生长速度快，不需修剪，萌芽力强。须根少，成树难移植。

形态特征：高达18m，树冠层伞形。枝水平开展。无毛。叶互生，心形或阔卵形，长10～20cm，顶端渐尖，基部心形或截平，全缘或呈4～7裂。花白色或有红色脉纹，雌雄异株，偶有同株。核果，网状皱纹，不开裂，球形。

重要经济树种，种子可榨油，桐油是重要工业用油，制造油漆和涂料等等，不可食用。

南酸枣

拉丁名：*Choerospondias axillaris*

别名：酸枣树、连麻树、山枣树、五眼果　　科属：漆树科南酸枣属

原产地： 原产于我国长江流域以南地区。印度、中南半岛和日本也有。

　　落叶乔木。干直荫浓，是较好的庭荫树和行道树，适宜在各类园林绿地中孤植或丛植。喜光，略耐阴，喜温暖、湿润气候，不耐寒，不耐涝。适生于深厚、肥沃而排水良好的酸性或中性土壤。浅根性树种，萌芽力强，生长迅速。树龄可达300年以上。

形态特征： 高达20m，奇数羽状复叶，互生，小叶对生、纸质，长圆形至长圆状椭圆形，顶端长渐尖，基部偏斜。雌雄异株，雄花淡紫色，排成腋生圆锥花序；雌花单生小枝上部叶腋。核果卵形，成熟时黄色，核坚硬，近顶端有5孔。

果味酸甜，营养价值高，可食。全株各部位均分别具有各种用途，经济价值高。

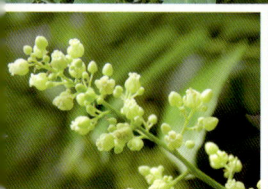

人面子

拉丁名： *Dracontomelon duperreanum*

别名： 人面树、银莲果、人面果　　**科属：** 漆树科人面子属

原产地： 我国原产于广东、广西、海南及云南等地。东南亚有分布。

　　常绿乔木。树冠宽广浓绿，枝叶茂密，甚为美观，是优良的庭园风景树和行道树。喜光，喜高温、多湿环境。适宜深厚、肥沃的酸性土。播种或扦插繁殖。

形态特征： 高可达20m，树冠圆伞形。幼枝被灰色绒毛。一回奇数羽状复叶；小叶11～17枚，近革质，通常互生，矩圆形或矩圆状椭圆形，先端渐尖，基部常偏斜，下面脉腋有簇毛，全缘。圆锥花序短于或略长于叶，被柔毛，花青白色。核果近球形，黄绿色，其表面有5个软刺，成熟后脱落；果核扁，上部具5个卵形凹点，边缘具小孔，看起来好像人的脸，所以叫"人面子"。

　　鲜果可生食，相当于水果。亦可腌渍。果内的种子又可榨油，制肥皂。

杧果

拉丁名: *Mangifera indica*

别名: 芒果、檬果、蒜果、庵罗果、密望子　　　　科属: 漆树科杧果属

原产地: 原产于印度、马来西亚和印度尼西亚。我国云南、广西、广东、海南、福建、台湾、四川南部都有引种栽培。

　　常绿乔木。树姿雄伟美观，叶、花、果俱美，树冠高大宽阔，嫩叶具有古铜、紫红、红等各种美丽的颜色，果形别致，是华南地区优美的绿荫树和观果树种，适于庭园造景。在风景区内则可结合生产大量栽培。性喜光，喜温暖，不耐寒霜，在平均气温 20～30℃ 时生长最好，0℃ 以下即受冻害。对土壤要求不严，以土层深厚、疏松、肥沃、排水良好的壤土和沙质壤土最为理想，在微酸性至中性土壤中生长良好。

形态特征: 高可达 27m。全株具白色乳汁。单叶互生，革质，聚生枝顶，披针形或长椭圆形，长 12～30cm，边缘呈波状起伏，圆锥花序有柔毛；花小，杂性，黄色或带红色，核果歪卵形，长 5～10cm，两侧压扁，熟时黄色。

扁桃

拉丁名: *Mangifera persiciformis*

别名: 天桃木、桃形杧果、扁桃杧   科属: 漆树科杧果属

原产地: 原产于云南东南部、贵州南部、广西南部。华南地区广泛栽培。

　　常绿乔木。枝叶浓密，树形美丽，不需修剪自然成型，嫩叶紫红色；是庭园绿化的优良树种。幼年期生长快，胸径生长到10cm后生长极慢。是快速成荫的优良行道树种。喜光，喜温暖、湿润气候，不耐寒，适应性较强，能耐高温、干热气候。抗风，对大气污染抗性和抗盐碱性能均强，病虫害也较少。对土壤要求不严。

形态特征: 高可达30m，树冠广伞形或半长球形。叶互披针形，长10~20cm，宽2~2.8cm，边缘皱波状。圆锥花序顶生，花小，黄绿色。果实桃形，长5cm，果核极扁。

黄连木

拉丁名： *Pistacia chinensis*

别名： 木黄连、木蓼树、田苗树、黄儿茶、烂心木、鸡冠果、黄连茶、楷木

科属： 漆树科黄连木属

原产地： 原产于我国，自华北、西北，至华南、西南各地均有。菲律宾有分布。

　　落叶乔木。树冠浑圆，枝叶繁茂而秀丽，早春嫩叶红色，入秋叶又变成深红或橙黄色，红色的雌花序也极美观，是城市及风景区的优良绿化树种。宜作庭荫树、行道树及山林风景树。喜光，幼时稍耐阴，喜温暖，畏严寒，耐干旱瘠薄。对土壤要求不严，微酸性、中性和微碱性的沙质、黏质土均能适应。深根性，主根发达，抗风力强，萌芽力强。生长较慢，寿命可达300年以上。

形态特征： 高达20m。树干扭曲。偶数羽状复叶互生，小叶5～6对，纸质，披针形或卵状披针形，基部偏斜，全缘。花雌雄异株，先花后叶，圆锥花序腋生，雄花序排列紧密，雌花序排列疏松，花小。核果倒卵状球形，成熟时紫红色。

205

盐肤木

拉丁名：*Rhus chinensis*

别名：盐肤子、五倍子树、五倍柴　　科属：漆树科盐肤木属

原产地：原产于亚洲东部。除黑龙江、新疆、青海外，分布几遍全国。

　　落叶小乔木或灌木。羽状复叶的叶轴有翅，奇特而极具观赏性；夏季开白色花；入秋红色浆果满枝；深秋叶变火红色，四季有变化，十分美丽。园林中宜孤植或与其他灌木、乔木搭配种植，喜光，稍耐荫，喜温暖、湿润气候，也能耐一定的寒冷和干旱，耐瘠薄，不耐水湿。喜排水性良好的土壤，在酸性、中性或石灰岩的碱性土壤上都能生长。根系发达，有很强的萌蘖性。

形态特征：高2～10m。小枝、叶柄、花序均有褐色柔毛。奇数羽状复叶，叶柄基部膨大，叶轴有翅；小叶7～13枚，边缘有粗锯齿，上面有短柔毛，下面密生灰褐色柔毛。圆锥花序顶生；花小、杂性、黄白色，萼片，花瓣各5～6。雄蕊5；子房密生柔毛，花柱3。核果近球形，小，红色，有白色短毛。

为我国主要经济树种，叶上可放养五倍子虫，虫瘿称"五倍子"。五倍子含鞣质多，是提取鞣皮酸和黑色染料的原料。五倍子药用可用于治肾炎、肿毒、外伤、止血等等。叶煎汁可治漆疮。种子含油可制肥皂及工业用润滑油。

火炬树

拉丁名：*Rhus typhina*

别名：鹿角漆　　科属：漆树科盐肤木属

原产地：原产于北美洲。我国除东北北部、内蒙古和新疆外，其它各地均有引种栽培。

　　落叶小乔木。叶春夏鲜绿，初秋变黄，继而橘红，深秋则绯红一片，远望犹如丹霞；圆锥花序顶生，黄中透绿；果序红至红褐色，呈火炬状，耸立于枝头，是优良的观叶观果树种。喜光、耐旱、耐寒、耐瘠薄、耐水湿、耐盐碱，适应性极强，根系发达，根萌蘖力强，是良好的护坡、固堤、固沙的水土保持和薪炭林树种。在北方地区易成为入侵树种。

形态特征：高达12m，小枝粗壮，密生长柔毛。奇数羽状复叶，互生，小叶11～23枚，长圆形至披针形，缘有锯齿。雌雄异株，雌花序、果序密生绒毛，红色。秋叶红艳或橙黄。

207

大叶冬青

拉丁名：*Ilex latifolia*

别名：苦丁茶　　　科属：冬青科冬青属

原产地：原产于我国长江流域下游及以南各地。

　　常绿乔木。枝叶茂密，树形优美；叶、花、果色相变化丰富，秋季果实由黄色渐变为深红色，经冬不凋。可植为庭荫树、公园造景，孤植、列植、群植均宜。喜光，亦耐阴，喜温暖、湿润气候，耐寒。萌蘖性强，适应性强，生长较快。病虫害少。

形态特征：高达20m，树冠卵形，树皮灰黑色，粗糙；小枝粗壮有棱。叶厚革质，矩圆形、椭圆状矩圆形，顶端锐尖，边缘锯齿细尖而硬。聚伞花序生于2年生枝叶腋，雌雄异序，花淡绿色，核果球形，熟时深红色。

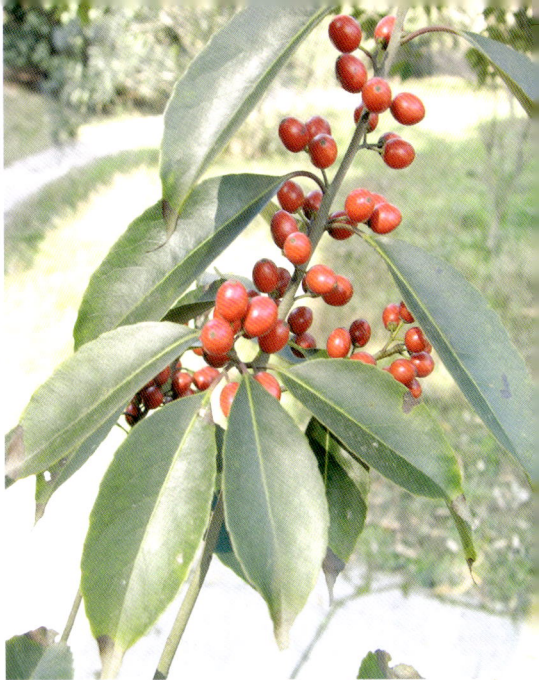

冬青

拉丁名：*Ilex purpurea*

别名：冻青、紫花冬青、红冬青　　科属：冬青科冬青属

原产地：原产于我国长江流域以南各亚热带地区。

　　常绿乔木。枝繁叶茂，四季常青，果熟时红若丹珠，赏心悦目，是庭园中的优良观赏树种。宜在草坪上孤植、门庭、园路两侧对植、列植，或散植于叠石、小丘之上。亚热带树种。喜光，耐阴，不耐寒，较耐湿，但忌积水。喜肥沃的酸性土。深根性，抗风能力强，萌芽力强，耐修剪，对有害气体有一定的抗性。

形态特征：高达20m。单叶互生，叶薄革质，长椭圆形，顶端渐尖，基部楔形，边缘疏生浅齿，叶面深绿色、有光泽。雌雄异株。聚伞花序生于当年生枝的叶腋；花淡紫红色。核果椭圆形、深红色。

209

铁冬青

拉丁名：*Ilex rotunda*

别名：白沉香、白银香、马口树、圆叶冬青、白银、糊樗与龙胆仔

科属：冬青科冬青属

原产地：原产于我国长江以南各地。朝鲜、日本和越南也有分布。

常绿乔木。花后果实由黄转红，秋后红果累累，十分可爱。树叶厚而密，湖边或开阔地种植此树，能形成阴蔽的环境，又能产生多层次丰富景色的效果，是理想的园林观赏树种。为暖温带树种。适应性较强，耐阴，耐瘠，耐旱，耐霜冻。喜湿润、肥沃、排水良好的酸性土壤。

形态特征：高可达10m。树皮灰色至灰黑色。叶薄革质，卵形或倒卵状椭圆形，先端短渐尖，叶缘微波浪状全缘，两面无毛。雌雄异株，聚伞花序或簇生花序腋生；花小，单性，黄白色，芳香。浆果状核果椭圆形，深红色。

白杜

拉丁名：*Evonymus bungeana*

别名：丝棉木、明开夜合、桃叶卫矛、华北卫矛　　　　**科属**：卫矛科卫矛属

原产地：原产于我国中部、北部；全国各地广为栽培。俄罗斯西伯利亚南部及朝鲜半岛也有分布。

　　落叶小乔木或灌木。枝叶娟秀细致，姿态幽雅，秋季果实挂满枝梢，开裂后露出橘红色假种皮，甚为美观。庭院中可配植于屋旁、墙垣、庭石及水池边。喜光，稍耐阴，耐寒，亦较耐旱。喜肥沃、湿润的土壤，中性、微酸性土均能适应。根系发达，萌生能力强。

形态特征：小枝绿色，近四棱形。叶对生，椭圆状卵形或宽卵形，顶端渐尖，基部近圆形，边缘有细锯齿。聚伞花序腋生，花3～7朵，黄绿色。蒴果4瓣裂，淡红色或带黄色；种子有橘红色假种皮。

211

樟叶槭

拉丁名：*Acer cinnamomifolium*

别名：飞蛾子树、桂叶槭　　**科属**：槭树科槭属

原产地：我国特有种，原产于长江以南。

　　常绿乔木。树形、叶与樟树很相似，但叶极密集，遮荫效果十分好，是一种优良的庭园树和行道树种。喜光，喜温暖、多湿环境，耐半阴，不耐寒。生性强健，移栽易成活。

形态特征：高 8～10m。小枝纤细，当年生枝密被绒毛。单叶对生，革质，全缘，呈披针状长椭圆形，前端尾状锐尖。伞房状圆锥花序顶生，花密生，白色或淡黄色。坚果具有 2 薄翅。

三角槭

拉丁名：*Acer buergerianum*

别名：三角枫　　科属：槭树科槭属

原产地：原产于我国，主产于长江中下游及以南地区。

　　落叶乔木。枝叶浓密，夏季浓荫覆地，入秋叶色变成暗红，秀色可餐。宜孤植、丛植作庭荫树，也可作行道树及护岸树。弱喜光，稍耐阴，喜温暖、湿润环境，耐寒，较耐水湿。喜中性至酸性土壤。萌芽力强，耐修剪，根系发达，根蘖性强。

形态特征：高可达10m。小枝细。叶卵形或倒卵形，掌状三出脉，通常三裂，顶端短渐尖，全缘或略有浅齿，背面有白粉。花小，黄绿色，伞房圆锥花序顶生。翅果，两翅近于平行或成锐角。

213

秀丽槭

拉丁名：*Acer elegantulum*

别名：地锦槭、色木、丫角枫、五角枫　　科属：槭树科槭属

原产地：产浙江西北部、安徽南部和江西。

　　落叶乔木。秋叶变亮黄色或红色，适宜做庭荫树、行道树及风景林树种。弱喜光，稍耐阴，喜温暖、湿润气候。对土壤要求不严，但以土层深厚、肥沃、疏松及湿润之地生长最好，黄黏土上生长较差。生长速度中等，深根性，抗风力强。

形态特征：高9～15m。当年生嫩枝淡紫绿色，叶薄纸质或纸质，通常5裂，裂片边缘具紧贴的细圆齿。花序圆锥状，花杂性，雄花与两性花同株，绿色。翅果嫩时淡紫色，成熟后淡黄色，内翅张升近于水平。

五角枫

拉丁名：*Acer mono*

别名：色木槭、地锦槭、色树、水色树、五角槭　　**科属**：槭树科槭属

原产地：原产于我国东北、华北和长江流域。

落叶乔木。树形优美，枝叶浓密，入秋后，颜色渐变红，红绿相映，甚为美观，是优良的园林绿化树种。适宜做庭荫树、行道树及风景林树种。弱喜光，稍耐阴，喜温凉、湿润气候。对土壤要求不严，在中性、酸性及石灰性土上均能生长，但以土层深厚、肥沃及湿润之地生长最好。

形态特征：高达20m。单叶，对生，5裂，裂片宽三角形，长渐尖，全缘，主脉5，掌状。伞房花序顶生枝端，花绿黄色。小坚果扁平，卵圆形，果翅矩圆形，开展成钝角。

近缘种：元宝槭（*Acer truncatum*），又名平基槭、元宝枫，叶5～7裂，叶基较平齐。北京地区栽培者多为此种。

元宝枫

血皮槭

拉丁名：*Acer griseum*
别　名：红皮槭、红色木、猴不上、马梨光、纸皮槭
科　属：槭树科槭属

原产地：原产于我国淮河及长江流域。

　　落叶乔木。树干四季树皮有卷曲状剥落，呈壮观的肉红色或桃红色，叶春、夏季为绿色，叶脉、叶柄及新梢为红色，早秋开始叶变成鲜红或黄色，是很有观赏价值的树种，适植于溪边、池畔、路边、石旁及庭院，具有较高的园林观赏价值。喜光，亦耐阴。生长速度慢。

形态特征：高达20m。树皮赭褐色，常成纸状薄片脱落。当年生枝淡紫色，多年生枝深紫色或深褐色。复叶，具3小叶，小叶纸质，卵形或椭圆形，边缘有2~3个钝形大锯齿。聚伞花序有长柔毛，常仅有3花。花淡黄色，杂性，雄花与两性花异株。双翅果，张开近于锐角或直角。

茶条槭

拉丁名：*Acer ginnala*
别名：茶条
科属：槭树科槭属

原产地： 我国原产于东北、华北，以及西北地区的东部。日本、朝鲜、俄罗斯西伯利亚东部和蒙古也有分布。常生于海拔800m以下的向阳山坡。

落叶乔木。叶形、叶色均美丽，夏季叶色浓绿，秋季叶色红艳；刚刚结出的双翅果呈粉红色。是北方优良的绿化观赏树种。喜光，亦耐阴，耐寒，喜湿润土壤，但耐干燥、瘠薄。抗病力强，适应性强。

形态特征： 高5～6m。干皮灰褐色浅纵裂。单叶，对生，叶卵状椭圆形，常3～5裂，中裂片特长，缘具不整齐缺刻状重锯齿，主脉3条出自叶基稍上方，叶背沿脉及脉腋有柔毛。伞房花序，花杂性，雄花与两性花同株，双翅果张开呈锐角或近于平行，两翅果的内缘常重叠；小坚果基部偏斜。

其他用途： 嫩叶可代茶饮用，故名茶条槭。

217

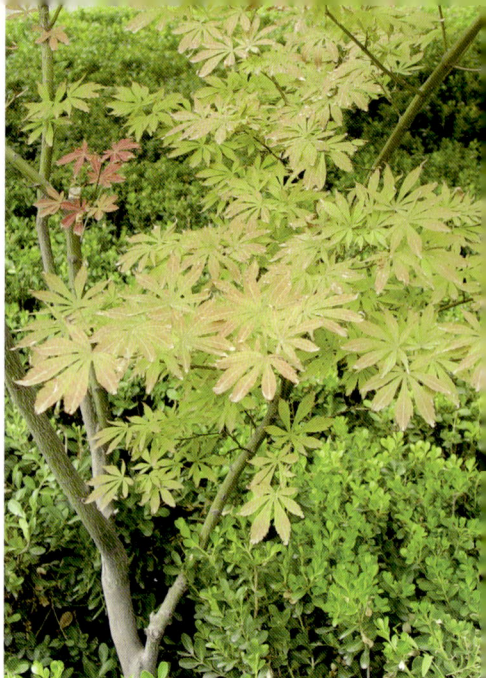

鸡爪槭

拉丁名：*Acer palmatum*

别名：鸡爪枫、青枫、雅枫　　　**科属**：槭树科槭属

原产地：原产于亚洲东部，我国华东、华中等地广泛栽培。朝鲜和日本也有分布。

　　落叶小乔木。株纤秀，叶奇美，秋叶鲜红色，灿烂如霞，为优良的观叶树种，于草坪、土丘、池畔、墙边、亭廊、山石间点缀，均十分得体。制成盆景用于室内美化也极雅致。喜温暖气候，适生于半阴环境，不耐水涝，较耐旱。要求疏松、肥沃之地，对二氧化硫和烟尘抗性较强。

形态特征：高可达10m，树冠扁圆形或伞形。小枝紫色或灰紫色。单叶对生，叶掌状5～9深裂，裂片披针形，边缘具重锯齿。花杂性，紫色，伞形状伞房花序顶生。翅果，两翅展开成钝角。

常见变种和栽培品种：红枫（'Atropurpureum'），叶片常年红色或紫红色，枝条紫红色；深裂红枫（'Matsumurae'），叶掌状深裂几达基部裂片线形，缘有疏齿或近全缘，有叶色终年绿色者，也有终年紫红色者；羽毛枫（'Dissectum'），叶片掌状深裂几达基部，裂片狭长，又羽状细裂，树体较小；红羽毛枫（'Dissectum Ornatum'），与羽毛枫相似，但叶常年红色。

红羽毛枫

羽毛枫

红枫

花叶复叶槭　　花叶复叶槭

复叶槭

拉丁名: *Acer negundo*

别名: 桝叶槭　　科属: 槭树科槭属

原产地: 原产于北美。我国东北、华北、西北至长江流域均有栽培。

　　落叶乔木。树冠宽阔，枝叶茂密，入秋叶呈金黄色，可作庭荫树、行道树。喜光，喜干冷气候，耐寒，耐旱，暖、湿地区生长不良。耐轻度盐碱，耐烟尘。

形态特征: 高达20m。小枝绿色。奇数羽状复叶，小叶3～7(9)，小叶卵形至长椭圆状披针形，叶缘有不规则锯齿，花雌雄异株，雄花序伞房状，雌花序总状。果翅狭长，张开成锐角或直角。

常见栽培品种: 花叶复叶槭。

花叶复叶槭

挪威槭

拉丁名：*Acer platanoides*
科属：槭树科槭属

原产地：原产于欧洲。我国华北、华中有引种栽培。

落叶乔木。树形美观，树干笔直，枝叶较密，叶片紫红色，观赏性强，是欧美地区非常流行的彩叶树种。喜光，较耐寒。喜肥沃、排水性良好的土壤，但在黏土、沙壤土、酸性、碱性土壤均能生长。生长速度中等。

形态特征：树高可达24m，冠幅8～9m。嫩枝棕色，有白色乳汁。叶对生，掌状浅裂，叶缘锯齿状，长10～20cm。花朵淡红色、栗黄色或绿色，花茎红色，翼果长2.5～7.5cm，绿色、红色或棕色，翼翅紫色。

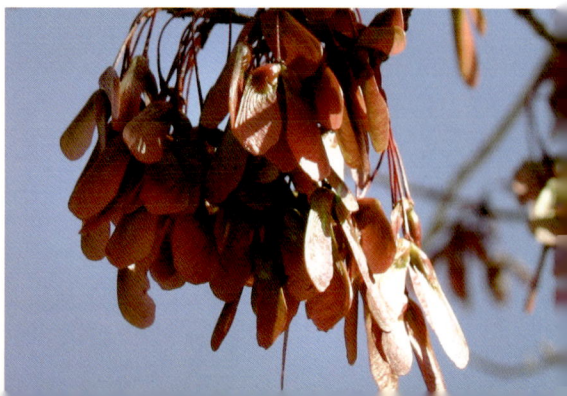

美国红枫

拉丁名: *Acer rubrum*

别名: 红花槭、北美红枫、沼泽枫、加拿大红枫、红糖槭、猩红枫

科属: 槭树科槭属

原产地: 原产于美国北部以及加拿大大部分地区。我国华北、东北、西北及华东等地都有栽培。

落叶乔木。春季新叶泛红，与成串的红色花朵相映成趣；夏季枝叶成阴；秋季叶片为绚丽的红色，持续时间长。常用作彩色行道树、干旱地防护林树种和风景林。适应性较强，耐寒，能耐 −40℃的绝对最低温度，耐旱，耐湿。栽培在酸性至中性的土壤上可使秋色更艳。生长迅速，寿命在100年左右。

形态特征: 高可达30m，树冠圆形。叶掌状3～5裂，叶长10cm，叶表面亮绿色，叶背泛白。花红色，果有翅，红色。

七叶树

拉丁名: *Aesculus chinensis*

别名: 梭椤子、天师栗、开心果、猴板栗　　科属: 七叶树科七叶树属

原产地: 原产于我国, 黄河流域及东部各地均有栽培, 秦岭有野生。

　　落叶乔木。树干耸直, 树冠开阔, 姿态雄伟, 叶大而形美, 遮荫效果好; 初夏繁花满树, 蔚然可观, 是世界著名的观赏树种。作行道树、庭阴树, 或在建筑前对植、路边列植, 或孤植、丛植于山坡、草地都很合适。喜光, 稍耐阴, 喜温暖气候, 也能耐寒。喜深厚、肥沃、湿润而排水良好之土壤。深根性, 萌芽力强。生长速度中等偏慢, 寿命长。

形态特征: 高可达25m, 小枝粗壮, 冬芽大, 掌状复叶对生, 小叶7片, 倒卵状长椭圆形至长椭圆状倒披针形, 缘具细锯齿。具伞圆锥花序呈穗状, 长20～25cm; 花杂性, 白色, 芳香。蒴果球形或倒卵形, 密生疣点, 种子形如板栗。

龙眼

拉丁名: *Dimocarpus longan*

别名: 桂圆、益智、羊眼   **科属**: 无患子科龙眼属

原产地: 原产于我国华南及西南部，现我国华南和西南广泛栽培。东南亚、澳大利亚、美国等均有栽培。

常绿乔木。树冠宽广，适应性强，寿命可达千年以上。可成片种植，也可孤植或与其他树种混植。是亚热带及暖温带地区优良的庭园风景树和绿荫树。喜光，不耐阴，喜温暖，忌冻，最冷月平均温度低于10℃，绝对低温低于－5℃的地区，不宜作果树栽培，较耐旱。对土壤适应性强，耐瘠瘠。深根性树种。萌芽力强，自然生长较慢。

形态特征: 高可达10余米。偶数羽状复叶，小叶4～5对，对生或互生，薄革质，长圆形或长圆状披针形，两侧多少不对称。花单性，雌雄同株，排成顶生大型的圆锥花序。果球形，表面稍粗糙，鲜假种皮白色肉质，种子球形。

荔枝

拉丁名: *Litchi chinensis*

别名: 离枝　　**科属:** 无患子科荔枝属

原产地: 原产于我国岭南热带地区，在岭南地区已有2000年的栽培历史。现华南、西南等地广为栽培。东南亚各国有分布，世界各热带地区广为引种栽培。

　　常绿乔木。树形宽阔，四季常绿，是园林中常用的造景材料。除了适于庭院、草地、建筑周围作庭荫树以外，还可以结合成片种植。中性树种，耐一定的荫蔽，喜炎热、湿润气候。要求土层深厚，腐殖质丰富，肥力较高。高生长缓慢，年平均长高约30cm。

形态特征: 高8～20m。偶数羽状复叶，小叶2～4对，对生，具柄，叶片披针形或矩圆状披针形，基部稍偏斜，全缘，上面有光泽，下面粉绿。圆锥花序，花杂性，花绿白色或淡黄色，核果球形或卵形，果皮暗红色，有小瘤状突起，种子外被白色，肉质，多汁，甘甜的假种皮，易与核分离。种子矩圆形，褐色至黑红色，有光泽。

黄山栾树

拉丁名：*Koelreuteria integrifolia*

别名：全缘叶栾、大夫树、灯笼树、摇钱树　　**科属**：无患子科栾属

原产地：原产于我国长江以南各地，黄河以南可露地栽培。

　　落叶乔木。枝叶茂密，冠大荫浓，初秋开花，金黄夺目，不久就有淡红色灯笼似的果实挂满树梢，黄花红果，交相辉映，十分美丽。宜作庭荫树、行道树及园景树栽植。喜光，耐半阴，耐寒，耐干旱、瘠薄，耐短期水涝。喜生于石灰质土壤，也能耐盐碱。深根性，萌蘖力强。生长速度中等，幼树生长较慢，以后渐快。有很强的抗烟尘能力。

形态特征：高达15m。奇数羽状复叶或二回羽状复叶，互生，小叶7～15枚，全缘。花金黄色，大型圆锥花序。蒴果，三角状卵形，由膜状果皮结合而成灯笼状，秋季果皮呈红色。

栾树

拉丁名: *Koelreuteria paniculata*
科属: 无患子科栾属

原产地: 原产于我国北部及中部。日本、朝鲜有分布。

　　落叶乔木。树形端正，枝叶茂密，春季嫩叶紫红，入秋叶色变黄，夏季至初秋开花，满树金黄，秋季缀满灯笼果，十分可爱，是优良的花、果兼赏树种。适宜作庭荫树、行道树和园景树，可植于草地、路旁、池畔。喜光，耐半阴，耐寒，适应性强，耐干旱、瘠薄、耐盐渍及短期水涝。喜石灰质土壤。深根性，萌蘖力强，生长速度中等，幼树生长较慢，以后渐快。

227

形态特征: 高达20m，树冠近圆球形。小枝稍有棱。奇数羽状复叶，有时部分小叶深裂而为不完全的二回羽状复叶，长达40cm，小叶卵形或长卵形，边缘具锯齿或裂片。顶生大型圆锥花序，花小、金黄色。蒴果三角状卵形，由膜状果皮结合而成灯笼状，初时淡黄绿色，成熟后变褐色。

无患子

拉丁名：*Sapindus mukorossi*

别名：木患子、洗手果、肥珠子　　　**科属**：无患子科无患子属

原产地：原产于我国长江流域及以南各地，为低山丘陵和石灰岩山地习见树种。日本、越南、印度也有分布。

　　落叶或常绿乔木。主干通直，树姿挺秀，夏季繁花满树，秋叶金黄，深秋橙色果实挂满枝头，是美丽的观赏树种，颇具江南秀美的特色。适于作庭荫树和行道树，常孤植、丛植于草坪、路旁、建筑物附近。喜光，稍耐阴，耐寒，耐干旱。对土壤要求不严，深根性，抗风力强。萌芽力强，生长快，寿命长。对二氧化硫抗性很强。

228

形态特征：枝开展，高达20m。小枝无毛，芽叠生。偶数羽状复叶，互生，小叶8～14，卵状披针形，全缘。圆锥花序长15～30cm，花黄白色或带淡红褐色。核果球形，熟时黄色或橙黄色。种子球形，黑色。

文冠果

拉丁名：*Xanthoceras sorbifolia*

别名：文冠树、文官果、木瓜、崖木瓜、文冠花、文冠树、崖枫、温旦革子

科属：无患子科文冠果属

原产地：原产于我国北部干旱、寒冷地区。

　　落叶小乔木。花序硕大，花朵繁密，春天白花满树，是优良的观花树种，可配植于草坪、路边、山坡，也用于荒山绿化。喜光，耐半阴，耐严寒和干旱，不耐涝。对土壤要求不严，在沙荒、石砾地、黏土及轻盐碱土上均能生长。深根性，主根发达，萌蘖力强。

形态特征：高达7m，奇数羽状复叶互生；小叶9～19枚，对生或近对生，狭椭圆形至披针形，两侧稍不对称，先端渐尖，基部楔形，边缘有锐利锯齿，顶生小叶通常3深裂。花杂性，雄花和两性花同株，两性花的总状花序顶生，长15～25cm；花梗纤细，花瓣白色，花芯有黄色变紫红的斑纹。蒴果椭球形，长达6 cm。

文冠果具多种经济价值，其种子含油量达50%～70%，是重要的木本油料植物。

229

枳椇

拉丁名：*Hovenia acerba*

别名：拐枣、金钩木、南枳椇　　**科属**：鼠李科枳椇属

原产地：原产于我国长江流域及以南地区。南亚也有分布。

　　落叶乔木。树形端庄、美丽，分株匀称，叶大荫浓，宜作庭荫树、观赏树和行道树。喜光，喜温暖，耐寒，适应性强。对土壤要求不严，以肥沃、排水良好的沙质壤土为佳。是我国南方的一种野果，它膨大的果序梗常呈"之"字形折曲，富含糖分，可生食、酿酒、熬糖等。木材坚硬，纹理美丽，可供建筑和制造家具。

形态特征：高10～25m。单叶互生；宽卵形、椭圆形或心形，边缘常具整齐、浅而钝的细锯齿。对称的二歧式聚伞圆锥花序顶生或腋生；花径5～6.5mm，萼片无毛，果序轴膨大，果柄肉质，扭曲，红褐色；浆果状核果近球形，无毛，径5～6.5mm，黄色。

附种：北拐枣（*Hovenia dulcis*），又称鸡爪树，枳椇。分布自华北、西北至长江流域。叶具不整齐的锯齿或粗锯齿；不对称的聚伞圆锥花序；果实成熟时黑色。

枣　拉丁名：*Ziziphus jujuba*
别名：红枣、大枣　　科属：鼠李科枣属

原产地：原产于我国，主产区在华北黄河流域。亚洲其他地区、欧洲、美洲均有引种。

　　落叶乔木。秋季可观果，冬季可观枝，在华北、西北地区常用于庭园绿化。园林中可于古典式宅院旁栽植，颇具乡村野趣。也可孤植点缀于草坪中。喜光，耐干旱、瘠薄，耐寒。对土壤要求不严，除沼泽地和重碱性土外，平原、沙地、沟谷、山地皆能生长，以肥沃的微碱性或中性砂壤土生长最好。根系发达，萌蘖力强。

形态特征：高可达10m余。树皮灰褐色或黑褐色。具长枝、短枝和无芽小枝，长枝呈"之"字形曲折，上有托叶变态成的刺，一刺直，另一刺反曲钩状，无芽小枝3～7簇生于短枝上，秋后脱落。单叶互生，卵形或长卵形，边缘有钝锯齿，基生3出脉。花单生，黄绿色，花瓣5。核果长圆形，熟时红色，中果皮肉质，味甜，核两端尖。

果实富含维生素C和糖分，除鲜食外，常制成蜜饯和果脯，且可供药用。花为良好的蜜源植物。木材是制作高档家具、木雕工艺品的上等材料。

山杜英

拉丁名：*Elaeocarpus sylvestris*
科属：杜英科杜英属

原产地：原产于我国长江中下游地区。

　　常绿乔木。树冠紧凑，枝叶茂密。初夏树叶转为绯红色，红绿相间，鲜艳悦目。长江中下游以南地区多作为行道树、园景树，也可群植于草坪边缘或用作花木背景。亚热带树种，喜温暖、湿润环境，抗风力强，抗寒能力较香樟稍差，凡香樟不能越冬的地区，均不适合引种。在排水良好的酸性黄壤土中生长迅速。萌芽更新能力强，5～6年生树冠可达4～5m。

形态特征：高达15m，树冠近圆锥形。幼枝红褐色，初时被疏毛，后变秃净。单叶互生，革质，叶形为长椭圆状披针形，先端渐尖，尖头钝，叶缘有钝锯齿。总状花序为淡绿色，腋生，花瓣5枚，与萼片等长，前端呈撕裂状；花药顶端无毛丛。核果大，长2　cm余，椭圆形。

同属常见栽培种：秃瓣杜英（*Elaeocarpus glabripetalus*），中等喜光，深根性，喜温暖、湿润气候。最宜在深厚、肥沃、排水良好的土壤上生长，中性、微酸性的山地红壤、黄壤上均可。

秃瓣杜英

华杜英

拉丁名: *Elaeocarpus chinensis*

别名: 中华杜英、小冬桃、老来红、高山望　　科属: 杜英科杜英属

原产地: 原产于我国长江以南各地。

　　常绿小乔木。树形优美，枝叶繁茂，层层叠叠，独具特色，具有很高的观赏价值，叶片在掉落前变成红色，随风徐徐飘摇，是良好的行道树和庭荫树。喜光，喜温暖，湿润环境，要求雨量充沛，25～30℃时植株生长迅速，0℃以上能安全越冬。在土层深厚、排水良好的沙质壤土上栽培为好。生长迅速，10年生树冠可达3～4m。

形态特征: 小枝纤细，疏生短毛。叶多聚生枝顶，薄革质，狭卵形或椭圆形，先端渐尖，基部圆形或阔楔形，边缘具不明显的浅锯齿，叶下面无毛。总状花序腋生；花杂性，白色，先端不撕裂，花药顶端无附属物。核果椭圆形。

233

长芒杜英

拉丁名：*Elaeocarpus apiculatus*
别名：尖叶杜英　　　科属：杜英科杜英属

原产地：原产于我国华南及云南南部。中南半岛及马来西亚均有分布。

　　常绿乔木。层层轮生的枝条自上而下形成塔形的树冠，成年树树干基部的板根十分壮观。开花洁白如贝，芳香。盛夏后硕果累累。是优良的园林风景树和行道树。热带树种。喜温暖、湿润环境，适合岭南地区栽培，在有霜冻的地区露地不能安全越冬。要求排水良好酸性的黄壤。较速生，根系发达，萌芽力强。

形态特征：高达 30m，树冠塔状圆锥形。树干耸直，具板根；大小枝条在主干上呈假轮生，小枝粗大。叶革质，倒卵状披针形，先端钝，中部以下渐变狭窄，基部窄而钝。总状花序生于枝顶叶腋内，花序轴有毛；花直径 1～2 cm，无叶状苞片，花药顶端芒长 3～4mm。核果大，长 3～4cm，椭圆形。

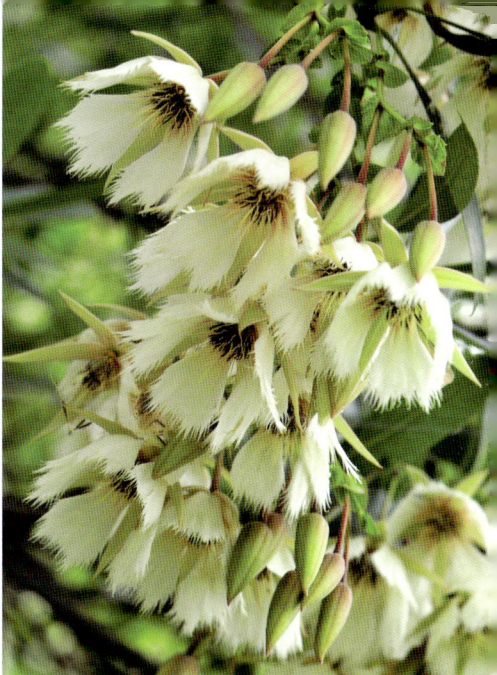

水石榕

拉丁名: *Elaeocarpus hainanensis*

别名: 海南杜英、水柳树　　科属: 杜英科杜英属

原产地: 我国原产于南岭以南地区及云南南部。越南、泰国有分布。

　　常绿乔木。具假单轴分枝，树冠整齐成层，状态婀娜动人，可观花、观叶，是上乘的观赏树种。宜于草坪、坡地、林缘、庭前、路口丛植，也可栽作其他花木的背景树。热带树种。喜半阴，喜高温、多湿气候，深根性，抗风力较强，不耐寒，不耐干旱，不耐积水。需植于湿润而排水良好之地，土质以肥沃和富含有机质的壤土为佳。

形态特征: 叶聚生枝顶端，狭披针形或倒披针形，先端尖，叶缘密生浅小锯齿；总状花序腋生，比叶短；花白色，直径3～4cm，具叶状苞片；花药顶端芒长3～4mm。核果纺锤形，两端渐尖似橄榄。

235

猴欢喜

拉丁名：*Sloanea sinensis*

别名：猴欢喜、狗欢喜、猴板栗、破木、树猬　　　科属：杜英科杜英属

原产地：原产于我国长江流域以南广大地区。

　　常绿乔木。树冠高大雄伟，枝叶茂密，树冠圆整。夏季至秋季，黄色至鲜红色刺状毛的圆形蒴果如风铃一样挂满枝头，令人赏心悦目，是风景区绿化、行道树或景观树的良好树种。果实是猴子、松鼠类最喜欢的食物。喜光，不耐严寒和干燥，要求相对湿度较大的地区。喜酸性、中性土壤。深根性，萌芽力强。高生长在10年生前较快。

形态特征：高达20m。枝开展。叶薄革质，聚生于小枝上部，叶形变化大，通常为狭倒卵形或椭圆状倒卵形，先端短急尖，全缘或中部以上有小齿。花单生或数朵生于小枝顶端或叶腋，花瓣4，长7～9mm，绿白色，下垂。蒴果，外被细长刺毛，似板栗状，由青转黄，熟时红色，5～6瓣裂。

蒙椴

拉丁名：*Tilia mongolica*

别名：小叶椴、白皮椴　　　科属：椴树科椴树属

原产地：原产于我国华北、东北等地。国外蒙古有分布。

　　落叶乔木。树冠整齐，树姿清丽，枝叶茂密，夏日满树繁花，花黄色而芳香，是优良的行道树和庭荫树。喜光，也耐阴；喜冷凉、湿润气候，耐寒性强。对土壤要求不严，微酸性、中性和石灰性土壤均可。深根性，萌蘖性强。

形态特征：高达20m。叶互生，卵圆形，偶呈3裂，长4～8cm，宽3～7cm，基部偏斜，边缘有锯齿，有长柄；老叶下面无毛。聚伞花序，花序梗下半部与窄舌状苞片贴生；花两性；萼片5枚；花瓣5枚，白色或黄色；雄蕊30～40枚。果实倒卵形，表面有5条棱。

237

糠椴

拉丁名：*Tilia mandshurica*

别名：大叶椴、辽椴、玻璃叶、菩提树　　科属：椴树科椴树属

原产地：我国原产于东北、华北地区及山东、江苏、江西等地。朝鲜、苏联远东地区亦有分布。

落叶乔木。树叶美丽，树姿清幽，夏日浓荫铺地，黄花满树，芳香，是很好的庭荫树、行道树，优良的蜜源树种，适合北方地区园林中栽培。喜光，耐阴，耐寒，喜湿润气候，不耐干旱，夏季干旱时易落叶。适生于深厚、肥沃、湿润的土壤，不耐瘠薄，不耐盐碱。耐烟尘及有害气体。深根性，萌蘖性强，生长较快。

形态特征：高达20m，小枝，芽密生淡褐色星状毛。叶互生，卵圆形，长8～15cm，宽7～14cm，有长尖，叶缘具粗锯齿，叶背密生白色毛。聚伞花序下垂，苞片长5～15cm；花瓣黄色。果实球形，径5mm，表面有5条不明显的棱，先端圆。

黄槿

拉丁名: *Hibiscus tiliaceus*

别名: 桐花、盐水面夹果、朴仔、海麻、海罗树、弓背树　　　　**科属:** 锦葵科木槿属

原产地: 我国原产于广东、台湾、海南。菲律宾群岛、太平洋群岛、南洋群岛、印度、锡兰等地均有分布。

　　常绿灌木至小乔木。花期全年,以夏季最盛,可观叶、观花,可作为行道树及海岸绿化美化植栽。喜强光,强阳性植物,生性强健,耐旱,耐贫瘠,耐盐碱。土壤以沙质壤土为佳。抗风力强。

形态特征: 高4~10m,主干不明显,植株被星状毛,单叶,互生,革质,心脏形或圆形,长8~14cm,全缘或不明显齿缘,掌状脉7~9条,下表面密被绒毛状星状毛,花两性,单生腋生,黄色,中央暗紫色。蒴果球形。

239

苹婆

拉丁名：*Sterculia nobilis*

别名：七姐果、凤眼果、肥猪果　　科属：梧桐科苹婆属

原产地：原产于我国岭南地区及台湾。印度、越南、马来群岛等也有分布。

常绿乔木。树冠宽阔，树姿、花、果俱美，叶大而碧绿，遮荫性能好，适用于风景树及行道树。适合热带、南亚热带栽培。喜光，喜高温、湿润。对土壤要求不严，在瘠薄土及沙砾土中均能生长，但以排水良好、土层深厚的沙质壤土最佳。

形态特征：株高可达10～15m。单叶，互生，椭圆形。圆锥花序顶生或腋生；花由数十朵小花集成一穗，花杂性，乳黄色，无花冠，花萼内面粉红色。其主要观赏部位是果实，果实为蓇葖果，极为别致。革质，卵形，长4～8cm，初期为绿色，成熟时转为红色，开裂，露出黑色种子。
苹婆可作为坚果果用植物开发，成熟种子可炒、煮食用，风味独特；果荚可入药。树皮含纤维，可用于制作绳索及麻袋。

同属常见栽培种：假苹婆（*S.lanceolata*）、臭苹婆（*S.foetida*）、短柄苹婆（*S.brevissima*）等。

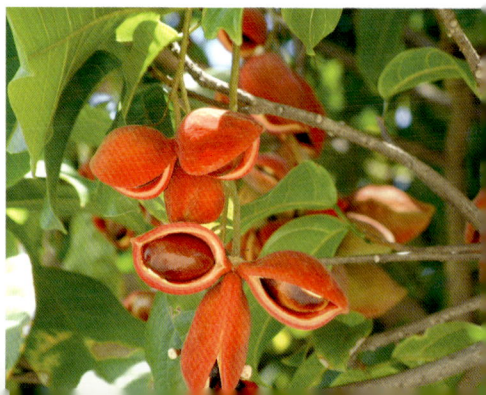

木棉

拉丁名：*Bombax ceiba*

别名：木棉树、英雄树、莫连、红茉莉、木棉树、红棉、攀枝花、斑芒树

科属：木棉科木棉属

原产地：原产于亚洲热带。我国华南和西南地区均有分布和栽培。

　　落叶大乔木。树形高大，雄壮魁梧，枝干舒展，花红如血，硕大如杯，是优良的行道树、庭荫树和风景树，历来被人们视为英雄的象征。热带树种。喜光，喜温暖，不耐寒，越冬温度不能低于5℃，喜干燥，耐旱，稍耐湿，忌积水。以深厚、肥沃、排水良好的沙质土壤为宜。抗风力强，深根性，速生，萌芽力强。抗污染。

形态特征：树冠伞形。高达40m。枝干上均具短粗的圆锥形大刺。枝近轮生，平展。掌状复叶互生，小叶5～7，长椭圆形，全缘。花大，红色，聚生近枝端，春天先叶开放。蒴果大，椭圆形，木质，5裂，内壁有白色长绵毛。

木棉果的纤维可作纺织或填充物。

241

美丽异木棉

拉丁名：*Ceiba insignis*

别名：美人树　　科属：木棉科异木棉属

原产地：原产于南美热带地区。我国华南有栽培。

　　落叶大乔木，树冠伞形，叶色青翠，成年树树干呈酒瓶状，冬季盛花期满树姹紫，秀色照人，是庭院绿化和美化的高级树种，也可作为行道树。喜强光，喜高温、多湿气候，不耐旱。生长迅速，抗风。

形态特征：树冠伞形，高10～15m。树干下部膨大，幼树树皮浓绿色，密生圆锥状皮刺，侧枝放射状水平伸展或斜向伸展。掌状复叶有小叶5～9片；小叶椭圆形。花单生，花冠淡紫红色，中心白色；花瓣反卷。蒴果椭圆形，木质，5裂。

梧桐

拉丁名： *Firmiana platanifolia*

别名： 青桐、桐麻、中国梧桐、国桐、桐麻碗、瓢儿果树、青桐皮

科属： 梧桐科梧桐属

原产地： 原产于我国，南北各地均有分布，广为栽培。日本也有分布。

　　常绿乔木。树干挺直，干皮光绿，叶大荫浓，清爽宜人，为我国著名的传统庭荫树种，栽植于庭前、屋后、草坪、池畔等处极显幽雅清静，民间传说为凤凰的栖所。喜光，也稍耐阴，喜温暖、湿润的气候，不耐盐碱和水涝。喜深厚、肥沃的沙质壤土。深根性，生长快速，萌芽力弱，不耐修剪。对各种有害气体的抗性很强。

形态特征： 高达15m，树皮青绿色，平滑。叶心形，3～5掌状分裂，裂片三角形，顶端渐尖，基部心形，边全缘。圆锥花序顶生，雌雄异株或杂性，花小，黄绿色，萼片5深裂，裂片被针形，向外反卷曲。膏葖4～5，叶状，纸质。

243

244

瓜栗

拉丁名：*Pachira macrocarpa*
别　名：发财树、马拉巴栗、大果木棉、美国花生
科　属：木棉科瓜栗属

原产地：原产于墨西哥及哥斯达黎加。20世纪60年代作为果树和木本油料植物引入我国热带地区栽培。80年代，作为室内观叶植物，推向了市场。

　　常绿乔木。瓜栗株形美观，茎基部肥大，终年常绿，目前市场上多为截干盆栽栽培，栽培方式为多辫扭合或单干式。盆栽适用于居家、商店、办公室、会议室等装饰。华南地区可用于行道树绿化。喜光，也耐阴，喜温暖、湿润及通风良好的环境。对土质要求不严，以疏松、肥沃、排水良好的沙质土壤为佳。土壤过湿易烂根。

形态特征：高可达8～15m。叶互生，掌状复叶，小叶5～11，小叶长椭圆形，全缘，先端渐尖。花单生于叶腋，黄白色。花萼杯状；花瓣淡黄绿色，窄披针形或线形，长达15cm，上半部反卷。蒴果近梨形，木质，黄褐色，内面密被长绵毛，开裂，每室种子多数。种子大，长2～2.5cm。

同属常见栽培种：水瓜栗（*Pachira aquatica*）原产热带美洲。我国广州及云南均有引种。

水瓜栗

水瓜栗

浙江红山茶

拉丁名：*Camellia chekiangoleosa*
别名：红花油茶、广宁红花油茶、红花果茶、大茶梨、山茶梨
科属：山茶科山茶属

原产地： 原产于我国东南及华南地区，近年已逐步扩大人工栽培。

常绿小乔木。植株优美，叶色翠绿，花大，色彩艳丽。丛植早春开花时绯红一片，美不胜收。孤植于花坛中央或假山石旁，均能自成美景。南亚热带树种。中性树种，幼时耐荫蔽，大树需光照充足才开花繁盛，较耐干旱，喜温暖、多湿气候，不耐寒冷。生长发育较慢，10年左右始花，盛期可维持50年以上。对土壤的要求不高，肥力中等的酸性土壤均可生长良好。须根少，移植较难成活。

245

形态特征： 高3～6m。小枝光滑无毛。叶互生，革质，长椭圆形、倒卵状椭圆形至矩圆形，先端短尖或急尖，表面亮绿色，边缘疏生骨质透明之细锯齿。花单生枝顶，直径8～10cm，艳红色。蒴果球形，厚木质。

山茶

拉丁名：*Camellia japonica*
别名：薮春、山椿、耐冬、晚山茶、茶花、洋茶　　**科属**：山茶科山茶属

原产地：原产于我国。浙江、山东、江西、台湾、四川、重庆尚有野生，长江流域及以南各地广泛引种，栽培品种很多。日本及朝鲜半岛有分布。

　　常绿小乔木或灌木。树冠多姿，叶色翠绿，花大艳丽，花期正值冬末春初。为江南地区园林中冬季观花植物。可丛植或散植于庭园、花境、假山旁，草坪中及树丛边缘，也可片植为山茶专类园。喜半阴，忌烈日，喜温暖气候，略耐寒，耐暑热，喜空气湿度大，忌干燥。喜肥沃、疏松的微酸性土壤。茎枝再生能力强，生长缓慢。

形态特征：株高可达15m。叶互生，革质，深绿色，卵圆形至椭圆形，先端尖，基部楔形，边缘具细锯齿。花单生于叶腋或枝顶，大红色，花瓣5～6个，栽培品种有白、淡红等色，且多重瓣，顶端有凹缺。蒴果近球形。

金花茶

拉丁名：*Camellia nitidissima*

别名：金茶花、黄茶花　　科属：山茶科山茶属

原产地：我国特产，原产于广西十万大山。为国家一级保护植物。

常绿小乔木或灌木。花色金黄，具蜡质光泽，花型多样，是山茶属中罕见的金黄色种类，是培育金黄色山茶花品种的优良种质。喜半阴，苗期喜荫蔽，开花期间，颇喜透射阳光，亚热带地区可植于常绿阔叶树林下以供观赏，喜温暖、湿润气候，耐涝力强。对土壤要求不严，喜欢排水良好的酸性土壤，耐瘠薄，也喜肥。

形态特征：高 2～6m。叶互生，革质，宽披针形至长椭圆形，先端尾状渐尖或急尖，叶边缘微微向背面翻卷，有细齿。花单生叶腋或近顶生，金黄色，开放时呈杯状、壶状或碗状，径 3～3.5cm；花瓣肉质，具蜡质光泽。蒴果三角状扁球形，黄绿色或紫褐色。

宛田红花油茶

拉丁名：*Camellia polyodonta*
别名：多齿红山茶　　　科属：山茶科山茶属

原产地：原产于我国江西、湖南、四川、广东、广西等地。

　　常绿小乔木。枝叶青翠繁茂，花红色，花期较长，是较理想的观花树种，适宜在庭园、住宅小区孤植或群植供观赏。喜半阴，喜湿润。喜肥沃、排水良好的酸性土壤。适应性较强，耐旱、耐霜冻。

形态特征：高达8 m。小枝无毛。叶互生，革质，椭圆形，先端尾状渐尖，叶缘密生细尖锯齿，叶脉在上面凹陷。花生单枝顶或叶腋，蔷薇红色，萼片15，外面密生淡黄白色柔毛，花瓣5～7个，倒心形。蒴果球形或梨形。

248

云南山茶

拉丁名：*Camellia reticulata*

别名：滇山茶、野花茶、滇茶花、大茶花、南山茶、油茶树

科属：山茶科山茶属

原产地：我国云南特产。

　　常绿乔木。花大而艳丽，有极高的观赏价值。可孤植、群植于公园、庭院及风景区，是优良的观赏树种。喜半阴，忌日晒、干燥，不耐盐碱。喜富含腐殖质、排水良好的酸性（pH4～5）土壤，也有喜钙质土壤的类群。根系浅，忌强风，不耐修剪。树龄可达数百年。

形态特征：高可达18m。小枝黄褐色，嫩枝无毛。叶互生，革质，阔椭圆形，先端尖锐或急短尖，具细锯齿。花单生或2～3朵簇生叶腋或枝顶，无花梗。花瓣倒卵形，先端微凹，基部联合。栽培品种有单瓣、复瓣，重瓣各类型。花色有粉红、大红、紫红、银红以及红百相间等。

常见栽培的山茶科植物：大头茶（*Gordonia axillaris*），又名台湾山茶，大头茶属，产我国岭南地区及台湾、四川、云南南部。中南半岛也有。叶面深绿，富光泽，基部叶缘反卷，上半部具疏浅齿缘。花1～2朵腋生或顶生，白色，直径7～10㎝，花瓣5，先端凹入。花期10月至翌年2月，花朵硕大。

大头茶

大头茶

木荷

拉丁名：*Schima superba*

别名：柯树、荷树、荷木　　　**科属**：山茶科木荷属

原产地：原产于长江流域以南各地。

　　常绿大乔木。树冠浓荫，花有芳香，叶茂常绿，可作行道树及风景林，或在庭园中孤植、丛植。叶片为厚革质，耐火烧，故可植作防火带树种。喜温暖、湿润气候，亦较耐寒。较喜光，幼苗需庇荫，能耐干旱、瘠薄的土地，但忌水湿。在深厚、肥沃的酸性沙质土壤上生长最快，30 年高可达 20m。寿命长可达 200 年以上，萌芽力强。亚热带树种，常绿阔叶林的建群树种之一。

250

形态特征：高可达 30 m。幼枝带紫色。单叶互生。革质，椭圆形或矩圆形，先端渐尖或短尖，基部楔形，边缘有钝锯齿。花单生枝顶叶腋或成短总状花序，白色，具芳香，径约 3 cm。蒴果木质，近球形，5 裂。

厚皮香

拉丁名：*Ternstroemia gymnanthera*

别名：珠木树、猪血柴、水红树　　**科属**：山茶科厚皮香属

原产地：原产于长江流域以南各地。

　　常绿乔木。树冠浑圆，枝叶繁茂，树形优美，叶柄与新叶红色，枝叶层次感强，入冬转绯红，是较优良的园林绿化树种。宜丛植于林缘或围墙、竹篱之旁。喜温暖、湿润和背阴、潮湿环境，阳光直射之地生长不良，较耐寒，能忍受－10℃低温。喜排水良好、湿润、肥沃的土壤。根系发达，萌芽力弱，不耐修剪。

形态特征：高达15m。干多分枝。叶互生，聚生于枝梢，革质，叶倒卵形至长圆形，先端钝圆或短尖，基部楔形，全缘，表面绿色，背面淡绿色，侧脉不明显。花淡黄色，常数朵聚生枝端，稍下垂。蒴果球形，呈浆果状。

251

石笔木

拉丁名：*Tutcheria spectabilis*

别名：榈捷花、石胆、大果石笔木　　科属：山茶科石笔木属

原产地：原产于我国云南、四川、广西、湖南、广东、浙江和台湾。

常绿乔木。冠形优美，多分枝，叶色翠绿、光亮，花大美丽，可于庭园、住宅区、广场、公园中孤植或丛植观赏。具有较强的抗污染能力，适宜工业园绿化。喜光，喜温暖、湿润环境，越冬能耐最低温度－11℃，有一定的抗干旱性。喜疏松、肥沃的土壤，pH值4.5～6。

形态特征：高达9m，树冠椭圆形，树皮灰褐色。叶互生，厚革质，椭圆形，先端尖锐，基部楔形，边缘有粗浅锯齿，两面无毛，花单生枝顶，淡黄色至白色，径5～7cm。蒴果球形，密生金黄色绒毛。本属与山茶属不同之处在于蒴果从基部向上开裂。

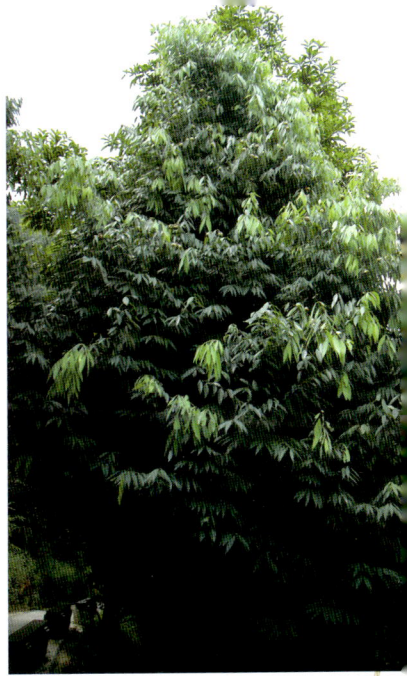

铁力木

拉丁名：*Mesua ferrea*

别名：铁梨木、铁栗木　　科属：藤黄科铁力木属

原产地： 原产于亚洲热带地区。我国云南、广东、广西南部有分布。

　　常绿乔木。树冠优美呈塔状，四季常青，叶如柳叶，老叶浓绿，幼叶鲜红，花芳香，是优良的园林绿化树种。适合在我国北回归线以南地区种植。喜光，幼树需遮荫，喜高温、多湿气候，能耐 -2℃ 极端最低气温。喜酸性、弱酸性的赤红壤或砖红壤。

形态特征： 高30m，树冠塔形，具板状根。树皮灰褐色或暗灰色，光滑；小枝对生。单叶，对生，革质，下垂，披针形或线状披针形，全缘，上面有光泽，下面灰白色。花两性，顶生或腋生，直径4~5cm；萼片4，2列，外面两片较小；花瓣4，黄色，倒卵形，果时不脱落。果实卵球形，坚硬，直径约~3cm，先端尖，基部有萼片和花瓣的下半部包围。种子背面凸起，两侧平坦。

铁力木是我国热带地区著名的珍贵硬材树种，木材主要用于造船、高档家具等。其结实量大，产果期长，含油率高，是优良木本油料树种。

柽柳

拉丁名：*Tamarix chinensis*

别名：黄金条、三春柳、观音柳、西湖柳、红柳　　　**科属**：柽柳科柽柳属

原产地：原产于辽宁、河北、河南、山东、江苏、安徽等地，我国东部至西南部有栽培。

落叶灌木或小乔木。温带及亚热带树种，枝条细柔，姿态婆娑，开花如红蓼，颇为美观。可在庭院中点缀或作绿篱用，也适于在水滨、池畔、桥头、河岸、堤防栽植。喜光，耐旱，耐寒，亦较耐水湿，极耐盐碱、沙荒。根系发达，萌生力强，极耐修剪。

形态特征：高4～8m。枝细长，常下垂。叶互生，二型，钻形或卵状披针形。总状花序生于绿色幼枝上，组成顶生的大圆锥花序，通常下弯；花密生，粉红色。蒴果长3.5mm。

254

山桐子

拉丁名：*Idesia polycarpa*

别名：山梧桐、水冬瓜、椅树、椅桐、南天桐　　**科属**：大风子科山桐子属

原产地：原产于我国甘肃、陕西、山西、河南、山东等省的南部及以南地区。朝鲜半岛及日本南部也有分布。

落叶乔木。树干高大，树冠广展，花色黄绿，红果累累，是良好的绿化和观赏树种，常作为庭荫树、行道树应用。喜光，喜温暖、湿润的气候，耐寒，耐旱。喜疏松、肥沃土壤，适应性强，在轻盐碱地上可生长良好。速生树种。

形态特征：高可达15～20m。树皮淡灰色，不裂。单叶互生，宽卵形，宽与长略等，掌状脉常5条，叶缘具疏大浅锯齿，叶柄与叶片近等长，柄上具散生腺体。顶生下垂圆锥花序，单性异株，花序梗变化较大，通常为10～20cm，长的可达80cm，有的极为粗壮；花黄绿色。浆果球形，红色。

其果实、种子均含油。

大花紫薇

福建紫薇

拉丁名：*Lagerstroemia limii*

别名：百日红、官样花、浙江紫薇　　科属：千屈菜科紫薇属

原产地：原产于浙江、福建、湖北等地。

　　落叶乔木或灌木。树体高大，夏季开花，花淡红色或紫色，是优良的园林绿化树种，孤植、群植均可。喜光，喜温暖、湿润气候，生长期需水分充足，怕强风。不择土壤，但在肥沃、湿润、排水通畅的土壤上生长最好。

形态特征：高约4m，小枝密被灰黄色柔毛。叶互生至近对生，革质至近革质，椭圆形至椭圆状披针形，先段渐尖。顶生圆锥花序，花轴及花梗密被柔毛，花淡红色至紫色，蒴果卵形，顶端圆形。

同属常见栽培的还有种：大花紫薇（*Lagerstroemia speciosa*），别名巴拿巴，高约5～12m，原产于亚洲南部至大洋州洲，我国岭南地区有分布及栽培，叶对生，长椭圆形或长卵形，先端锐，全缘，花冠大，紫或紫红色，蒴果圆形，盛开时幽柔华丽，极为出色，为庭园绿荫树、行道树的高级树种。

其叶片提取物为著名降糖、减肥药的原料。

256

大花紫薇

紫薇

拉丁名: *Lagerstroemia indica*

别名: 百日红、满堂红、痒痒树　　**科属**: 千屈菜科紫薇属

原产地: 原产于亚洲南部至大洋洲北部。我国华东、华中、华南及西南均有分布，全国各地普遍栽培。

　　落叶小乔木或灌木。树姿优美，树干光滑洁净，花色艳丽，花期极长，是美丽的夏季观花植物；也是观花、观干的盆景良材。喜光，稍耐阴，喜温暖气候，成年植株耐寒、耐旱，怕涝。喜肥沃、湿润而排水良好的石灰性土壤。萌蘖性强，生长较慢，寿命长。对二氧化硫、氟化氢及氮气的抗性强，能吸收有害气体。

形态特征: 高3～7m。树干光滑，幼枝略呈四棱形。叶互生或对生，纸质，近无柄，椭圆形、倒卵形或长椭圆形。圆锥花序顶生，花红色至粉红色（栽培品种也有白花的），边缘有不规则缺刻，基部有长爪。蒴果椭圆状球状形。种子有翅。

257

石榴

拉丁名：*Punica granatum*

别名：安石榴、若榴、丹若、金罂、金庞、涂林　　　　**科属**：石榴科石榴属

原产地：原产于伊朗、阿富汗等小亚细亚国家。我国南北各地广为栽培，以长江流域为主。

　　落叶小乔木。枝叶秀丽，红花似火，鲜艳夺目；花后红色果实挂满枝头，是叶、花、果兼优的庭园树，宜在阶前、庭前、亭旁、墙隅等处种植。喜光，不耐阴，喜温暖，耐瘠薄和干旱，怕水涝。对土壤要求不高，喜肥。对二氧化硫和氯气的抗性较强。

形态特征：高可达3～7m。小枝顶端具小刺。叶对生或簇生，纸质，呈长披针形至长圆形，先端略尖。花两性，1朵至数朵着生在当年新梢顶端，花有单瓣、重瓣之分，多红色，也有白色和黄、粉红、玛瑙等色。浆果肉质，呈鲜红、淡红或白色，多汁，甜而带酸。

珙桐

拉丁名: *Davidia involucrata*

别名: 水梨子、鸽子树、鸽子花树   **科属**: 蓝果树科珙桐属

原产地: 我国特产珍稀树种，野生资源仅发现于湖北、湖南、四川、贵州、云南等地的山区。南方各地有引种、栽培。世界各国多引种。

　　落叶乔木。花开时，一张张白色的苞片在绿叶中浮动，犹如千万只白鸽栖息在树梢枝头，振翅欲飞，被西方植物学家命名为"鸽子树"，具有和平的象征意义。为世界著名的珍贵观赏树，常植于池畔、溪旁及疗养所、宾馆、展览馆附近。暖温带亚高山树种。幼苗生长缓慢，喜阴湿，成年树趋于喜光，要求较大的空气湿度，不耐瘠薄，不耐干旱，在干燥多风、日光直射之处生长不良。喜中性或微酸性腐殖质深厚的棕壤及红黄壤土。

形态特征: 高可达20m，单叶互生，在短枝上簇生。叶纸质，宽卵形或近心形，先端渐尖，基部心形，边缘具粗锯齿。花杂性，由多数雄花和一朵两性花组成顶生头状花序；花序下有2片白色大苞片，纸质，椭圆状卵形，长8～15cm，中部以下有锯齿。核果紫绿色。

喜树

拉丁名: *Camptotheca acuminata*

别名: 水栗、水桐树、天梓树、旱莲子、千丈树、野芭蕉　　**科属:** 蓝果树科喜树属

原产地: 我国特有树种,原产于长江流域以南各地。

　　落叶乔木。主干通直,树冠开展,生长迅速,为优良的庭园树和行道树,喜光,不耐严寒,较耐水湿,不耐干燥。喜深厚、湿润、肥沃的土壤,在酸性、中性、微碱性及石灰岩土壤中均能生长良好,但在干旱、瘠薄地种植,生长瘦长,发育不良。深根性,萌芽率强。

形态特征: 高可达20~30m。叶互生,纸质,卵状椭圆形或长圆形,长10~26cm,先端短锐尖,全缘,叶柄带红色。花杂性同株,头状花序近于球形,顶生或腋生,顶生的花序具雌花,腋生的花序具雄花。翅果长圆形。

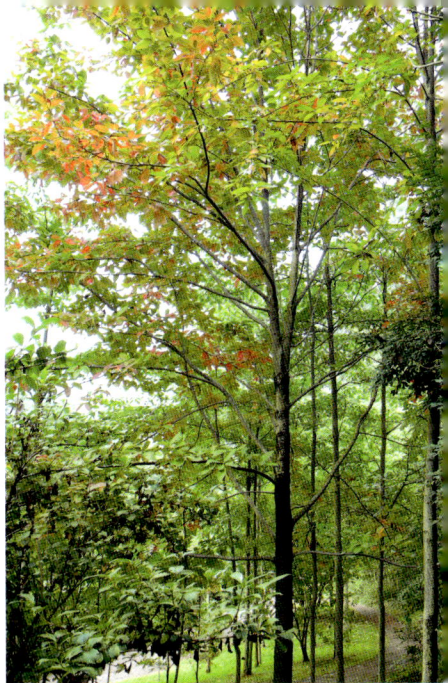

蓝果树

拉丁名：*Nyssa sinensis*
别名：紫树、萨木　　科属：蓝果树科蓝果树属

原产地：原产于我国长江以南地区。

　　落叶乔木。干形挺直，叶茂荫浓，春季有紫红色嫩叶，秋日叶转绯红，分外艳丽，适于作庭荫树。在园林中可与常绿阔叶树混植，作为上层骨干树种，构成林丛。喜光，喜温暖、湿润气候，耐干旱、瘠薄。适应性强，生长快，在土层深厚、富含腐殖质的酸性土壤上长势尤盛。

形态特征：高达30m。小枝紫褐色。叶互生，椭圆形或卵状椭圆形，先端短急锐尖，基部圆形，边缘全缘或微波状。聚伞总状花序腋生，雌雄异株；花小，绿白色。核果矩圆形，蓝黑色。树冠广卵形。树皮灰褐色，纵裂，成薄片状剥落。小枝紫褐色，有明显皮孔。单叶，互生，纸质，椭圆形或椭圆状卵形，先端渐尖或短尖，边全缘。花雌雄异株，聚伞状短总状花序腋生；花小，绿白色。核果长圆形或倒卵形，微扁，紫绿色至暗褐色，常3～4个簇生。

木材结构致密，木纹精致，可作家具、工艺雕刻及建筑用材。

八角枫

拉丁名：*Alangium chinense*

别名：华瓜木、白龙须、木八角　　科属：八角枫科八角枫属

原产地：原产于我国秦岭及长江流域以南各地。东南亚及非洲东部也有分布。

　　落叶乔木。叶形优美，是优良的庭园观赏树；根系发达，适应性强，可作为交通干道两边的防护林树种。为亚热带及温带树种。喜光，稍耐阴，喜温暖、湿润气候，具一定耐寒性，萌芽力强，耐修剪。喜肥沃、疏松、湿润的土壤。

形态特征：通常高3～5m，稀达15 m。小枝呈"之"字形。单叶互生，纸质，近圆形、椭圆形或卵形，全缘或3～9裂，基部偏斜，基出掌状脉。二歧聚伞花序；小花花瓣6～8，黄白色。核果卵圆形，长5～7mm。

根称为白龙须；茎名为白龙条，有祛风除湿等功能。木材轻软，可制造器具。

榄仁树

拉丁名：*Terminalia catappa*

别名：雨伞树、大叶榄仁树、凉扇树、山枇杷、鸟朴、古巴梯斯树

科属：使君子科榄仁树属

原产地：原产于亚洲、大洋洲热带地区。我国原产于岭南地区，华南等地有栽培。

　　落叶乔木。在充足空间下，可生长成近似木棉的平衡分层树冠，秋冬季落叶前叶片变成紫红色，是非常理想的观叶乔木。喜光，喜高温、湿润的气候，耐旱。不拘土质，种植于肥沃、排水良好的沙质土壤中最佳。抗风，耐盐碱性强。

形态特征：高可达15m，树冠层伞形，侧枝轮生平展，老树有明显板根。叶互生，革质，集生枝顶层次分明，倒卵形，先端钝圆或短尖，全缘。穗状花序长而纤细，腋生，花杂性，雄花与两性花生于同一花序上；花多数，绿色或白色。核果扁椭圆形

果仁含油量高，可食，也可榨油。

263

柠檬桉

拉丁名：*Eucalyptus citriodora*
科属：桃金娘科桉属

原产地：原产于澳大利亚。我国华南及福建、浙江、云南、四川等地有栽培。

常绿乔木。树形优美，树皮光滑洁白，为华南地区重要造林树种，适宜低丘下部、沿海山地造林和四旁绿化。喜高温、多湿气候，不耐低温，在年均气温18℃以上的地区都能正常生长，0℃以下易受冻害。对土壤要求不严，在深厚、疏松、湿润、排水良好的土壤上生长良好。生长速度很快，1年生苗高达2～3m，8年内高生长比较快，10年以后材积增长较快，10～15年可成栋梁之材。

形态特征：高可达30m。树皮呈淡蓝色，表面光滑，有明显脱落现象。幼枝上叶呈阔披针形，边缘有波纹；成年枝的叶呈窄披针形；叶片被揉碎时发出强烈的柠檬味。花无花瓣和花萼，雄蕊多数。蒴果卵状壶形，果缘薄，果瓣深藏。

蓝桉

拉丁名: *Eucalyptus globulus*

别名: 洋草果、灰杨柳、玉树、油树、油加利树、洋草果、小球桉树

科属: 桃金娘科桉属

原产地: 原产于澳大利亚塔斯马尼亚岛。我国西南、华南有栽培。

　　常绿乔木。生长迅速，树冠高大，常作公路行道树种。适应性较强，喜湿润、肥沃和深厚的土壤。在溪边、堤旁生长最好。具材用、造纸、药用、提炼香精等多项经济价值，但需水、需肥量大，具有异种抑制性，成片造林时易对立地生态环境造成负面影响。

形态特征: 高达35～60m。树皮薄片状剥落。叶蓝绿色，全缘，羽状侧脉在近叶缘处连成边脉，有香气。成年叶狭披针形，镰状弯曲，互生；幼枝叶卵状长椭圆形，具白粉，对生，无柄。花通常单生叶腋，开花时花盖横裂脱落。蒴果较大，杯状。

白千层

拉丁名：*Melaleuca leucadendra*

别名：脱皮树、佰千层、剥皮树、千层皮、玉树　　科属：桃金娘科白千层属

原产地： 原产于澳大利亚。我国福建、台湾、广东、广西等地南部有栽培。

　　常绿乔木。树皮白色，树形优美，叶片平整，富含芳香气味，常作为行道树及庭园观赏树栽培。枝条柔韧，抗风力强，又可选作防风造林及四旁绿化树种。喜光，喜温暖、潮湿环境，适应性强，能耐干旱、高温。耐瘠薄，对土壤要求不严。

形态特征： 高约20 m。树皮厚而疏松，薄片状层层剥落。单叶互生，有时对生，狭椭圆状披针形，全缘。穗状花序顶生，中轴具毛，于花后继续生长成一有叶的新枝；花密集，乳白色。蒴果顶部3裂，杯状或半球状，成熟后3裂。

　　枝叶可以提取芳香油，供药用和作为防腐剂。由于其具有极强的吸水能力和排它性，在美国的佛罗里达州已成为淡水沼泽的有害外来入侵种。此外白千层林中树皮多，易燃，易引起毁灭性的火灾。

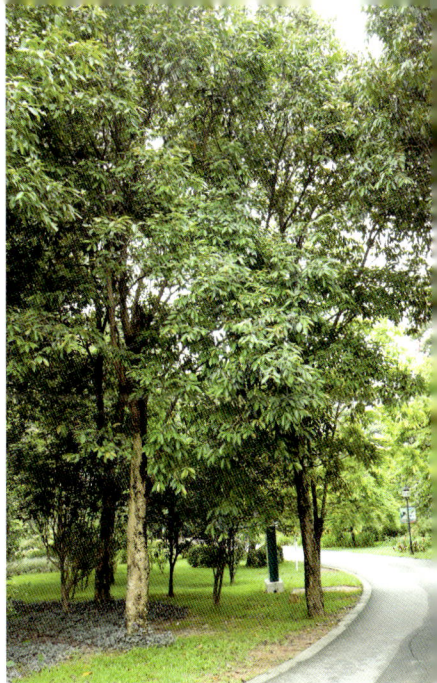

乌墨

拉丁名：*Syzygium cumini*
别名：乌口树、乌楣、海南蒲桃　　**科属**：桃金娘科蒲桃属

原产地：我国原产于广东、广西、福建、台湾、海南、云南。印度、东南亚至澳大利亚均有分布。

　　常绿乔木。树干通直，枝叶浓密，树形美观，宜作行道树、庭荫树、防护林、生态公益林或招鸟树种。喜光，喜温暖至高温、湿润气候，耐旱。适应性强，耐瘠薄，对土壤要求不严。根系发达，生长迅速，15年生树高8m，胸径20cm。萌芽力强，抗风。耐火。抗污染。

形态特征：高达20m。树皮粗糙，叶对生，革质，椭圆形至长椭圆形，先端有一个小尖头，具透明小腺点，揉之有香气，侧脉近平行斜出于叶缘连成边脉。复聚伞花序组成圆锥花序状，腋生、侧生或偶有顶生；花白色；芳香。浆果，椭圆或卵圆形，熟时由紫红色变紫黑色。

267

蒲桃

拉丁名：*Syzygium jambos*

别名：水蒲桃、香果、响鼓、风鼓　　　**科属**：桃金娘科蒲桃属

原产地：原产于印度、马来群岛及我国的海南岛，我国华南、云南和贵州等地有栽培。

　　常绿乔木。树冠丰满浓郁，花繁叶茂，枝叶婆娑，花、叶、果均可观赏，绿荫效果好，可作庭荫树和固堤、防风树用。喜光，稍耐阴，喜暖热气候。喜深厚、肥沃、湿润的酸性土。

形态特征：高可达10m，主干短，分枝较多。叶多而长，披针形，革质。聚伞花序顶生；花白色，花丝超出花瓣1倍。核果状浆果，直径3～5cm，有特殊的玫瑰香味。

花量大，花粉和蜜均多，香气浓，是良好的蜜源植物。

幌伞枫

拉丁名：*Heteropanax fragrans*

别名：大蛇药、五加通、凉伞木　　科属：五加科幌伞枫属

原产地：我国原产于岭南地区，华南地区有栽培。南亚及东南亚也有分布。

　　常绿乔木。树姿优雅、奇特，大型多回羽状复叶仿佛张开的雨伞，甚为壮观，观叶、观茎、观姿效果好，是很好的园林景观树种。热带树种。喜光，喜温暖、湿润气候，亦耐阴，不耐寒，能耐5～6℃低温及轻霜。较耐干旱、贫瘠，在肥沃、湿润的土壤上生长更佳。

形态特征：茎干直立，无刺，常不分枝，3～5回羽状复叶，大型，集生于干顶，小叶对生，纸质，无毛，椭圆形，先端短尖，基部楔形，圆锥花序顶生，由多数伞形花序组成，主轴及分枝密被星状绒毛；花淡黄白色，芳香。浆果卵圆形，黑色。

刺楸

拉丁名： *Kalopanax septemlobus*

别名： 鼓钉刺、刺枫树、刺桐、鸟不宿、钉木树、丁桐皮

科属： 五加科刺楸属

原产地： 原产于东北、华北、华中、华南、西南。

　　落叶乔木。树干通直挺拔，叶形独特、美观，满身的硬刺在诸多园林树木中独树一帜，既能体现出粗犷的野趣，又能防止人或动物攀爬破坏，适合作行道隔离带树种或园林中组合造景配植。应注意不要栽在易伤到人的位置。喜光，稍耐阴，喜湿润，耐寒。适应性强，在土层深厚、疏松且排水良好的中性或微酸性土壤中生长最好。

形态特征： 高可达30 m。小枝具粗刺。长枝上叶互生，短枝上叶簇生；单叶，纸质，近圆形，掌状5～7裂，裂片宽三角状卵形或长椭圆状卵形，先端渐尖，边缘有细锯齿，上面无毛，多个伞形花序组成顶生圆锥花序；花白色或淡黄色。果球形，熟时蓝黑色。

木质坚硬，花纹明显，是制作高级家具、乐器、工艺雕刻的良好材料。全株有微毒，根皮、树皮可入药，有清热解毒、消炎祛痰、镇痛等功效。

辐叶鹅掌柴

鹅掌柴

拉丁名: *Schefflera heptaphylla*

别名: 手树、鸭脚木、小叶伞树、舍夫勒氏木　　　科属: 五加科鹅掌柴属

原产地: 原产于我国南部亚热带及热带地区。现全国各地多作为室内盆栽植物栽培。日本及亚洲南部也有分布。现泛植于世界各地。

　　常绿乔木或灌木。株形丰满优美，叶形奇特，革质光亮，在华南地区适合于林下栽培。对半阴环境适应能力强，是优良的室内盆栽植物，适宜布置客厅书房及卧室。喜光，但忌夏季日光直射，有一定的耐阴力，喜空气湿度大和温度稍高的环境，不耐寒，生长适温15～25℃，冬季最低温度不应低于5℃。稍耐瘠薄，喜生于深厚、肥沃的酸性土壤中。耐修剪。

271

形态特征: 在原产地可高达40m。栽培条件下呈灌木状，分枝多，枝条紧密。掌状复叶，小叶5～9枚，椭圆形或卵状椭圆形，革质，浓绿，全缘。伞形花序，花淡红色，有香气。浆果球形。有花叶品种。

同属常见栽培种: 辐叶鹅掌柴 (*S. actinophylla*)。

灯台树

拉丁名：*Cornus controversa*

别名：女儿木、六角树、瑞木　　**科属**：山茱萸科 梾木属

原产地：原产于我国东北南部，黄河流域及以南各地。

　　落叶乔木。树枝层层平展，形如灯台，优美奇特；叶形秀丽，白花素雅；为园林绿化珍品。可做园林中大乔木层下的配植树种，或于路旁、草坪中、假山旁配置。喜半阴，喜温暖，适应性强，耐寒，耐热。最宜在肥沃、湿润及疏松、排水良好的土壤上生长。生长快。

形态特征：高可达25m。枝暗紫红色。单叶互生，集生于枝稍，叶广卵圆形。伞房状聚伞花序生于新枝顶端，白色。核果近球形，紫红色至蓝黑色。

阔叶树种

272

光皮梾木

拉丁名：*Cornus wilsoniana*
别名：光皮树、斑皮抽水树、花皮树、马光林、枸骨木
科属：山茱萸科梾木属

原产地：原产于黄河以南地区。

　　落叶乔木。树冠舒展，干直挺秀，树皮斑斓，叶茂荫浓，初夏满树银花，可用作庭荫树、行道树，孤植或丛植均能自然成景。喜光，耐寒。喜深厚、肥沃而湿润的土壤，在酸性土及石灰岩土上生长良好。深根性，萌芽力强。抗病虫害能力强。寿命较长。

形态特征：高5～18m。树皮白色带绿，剥落后形成明显斑纹。单叶对生，纸质，椭圆形至卵状椭圆形，先端渐尖或突尖。圆锥状聚伞花序顶生。花小，白色。核果球形，紫黑色。

273

山茱萸

拉丁名：*Cornus officinalis*
科属：山茱萸科山茱萸属

原产地：原产于黄河及长江流域。

　　落叶小乔木或灌木。树冠开展，树形优美，初夏开黄花，秋季观红果，是我国传统的野外赏花、观果树种，适合林下配植或绿地点缀。为暖温带和北亚热带深山区树种。喜半阴，耐寒，在原产地生于阴凉、湿润、背风的阴坡，现已成功引种到平原，在北京地区能安全越冬。喜土质肥沃、土层深厚、排水良好的壤土和沙质土壤，原产地在石灰岩发育的黑色淋溶石灰土和花岗岩发育的山区红黄壤上都生长良好。

形态特征：高4～10m。老枝黑褐色，嫩枝绿色。单叶对生，卵状椭圆形或卵形，顶端尖，基部浑圆或楔形，表面疏生柔毛，背面毛较密，脉腋有黄褐色毛丛。伞形花序腋生或顶生；先叶开花，花黄色，花瓣4，卵形。核果椭圆形，成熟时红色。

头状四照花

头状四照花

尖叶四照花

拉丁名：*Dendrobenthamia angustata*
科属：山茱萸科四照花属

原产地：原产于长江流域以南各地。

落叶小乔木或灌木。树冠饱满，树形优美，分枝密集，叶片繁茂；花序大，花多，花苞片大而洁白，衬于光亮绿叶丛中；核果聚生成球形，红艳可爱。尤其是冬季和早春全株红叶，极其壮观。是极具开发利用前景的彩叶、赏花、观果树种，适合林下配植或绿地点缀。喜光，耐半阴，耐寒，耐旱，且耐贫瘠。尚无病虫害。须根发达，耐移植。

形态特征：高可达8m。单叶对生，革质，长椭圆形或椭圆状卵形，先端渐尖形，具尾尖，侧脉3～4对，叶下面密被短柔毛。头状花序近球形，具4枚白色花瓣状总苞片，总苞片长卵形或倒卵形。果序球形，红色；总果柄纤细，长6～10cm。

同属常见栽培种：头状四照花（*Dendrobenthamia capitata*），落叶小乔木，高3～10m，果序扁球形，紫红色，总果柄粗壮，长4～7cm，原产于我国西南地区。

275

头状四照花

人心果

拉丁名：*Manilkara zapota*

别名：吴凤柿、人参果、赤铁果、奇果　　科属：山榄科人心果属

原产地：原产于墨西哥和中美洲地区。我国云南、广西、海南和广东有引种栽培。

　　常绿乔木。热带常绿果树，姿态优美，可作小径行道树或在庭院、宾馆空地作为果树栽培。果实甜蜜可口，是营养价值很高的水果。喜光，喜高温和水分充足的环境，亦较耐旱、耐寒，大树在 −2～−3℃ 仍能安全过冬。喜肥沃的沙质壤土，较耐贫瘠和盐分，适应性较强，根系深，在肥力较低的黏质壤土上也能正常生长发育。

形态特征：高 15～20m。生长缓慢，栽培者常呈灌木状，树冠圆形或塔形，叶革质，集生于枝梢，长圆形至卵状椭圆形，先端渐尖，全缘或少有微波状。花细小，黄白色，自叶腋抽出，外被锈色绒毛。浆果椭圆形、卵形或心形，褐色，肉质。花果期 4～9 月。

柿

拉丁名：*Diospyros kaki*

别名：柿子、朱果、猴枣、红柿、香柿、毛柿　　科属：柿树科柿树属

原产地：原产于我国长江和黄河流域，现全国各地广为栽培。

　　落叶乔木。树形优美，枝繁叶大，冠覆如盖。秋叶凌霜变成深红色，果实橙黄，是观叶、观果俱美的优良观赏树种，既可孤植于庭园，也可杂植于常绿树间。喜光，耐寒，喜湿润，忌积水，耐干旱。适应性强，深根性，根系强大，吸水、吸肥力强，耐瘠薄。更新和成枝能力很强，寿命长。抗污染性强。

形态特征：高10～20m。树皮黑灰色裂成方形小块。单叶互生，革质，阔椭圆形，先端渐尖或钝，全缘，叶痕大。花雌雄异株或杂性同株，单生或聚生于新生枝条的叶腋中，黄白色。浆果，果形因品种而异，橙黄或橙红色，萼片宿存。

君迁子

拉丁名：*Diospyros lotus*

别名：软枣、黑枣、红蓝枣、牛奶枣、野柿子　　科属：柿树科柿树属

原产地：原产黄河流域、长江流域及西南各地，各地多栽培。

　　落叶乔木。树干挺直，树冠圆整，是良好的庭园树。喜光，耐半阴，性强健，耐寒及耐旱性均比柿树强，很耐湿。喜肥沃、深厚土壤，但对瘠薄土、中等碱性土及石灰质土有一定的忍耐力。对二氧化硫抗性强。

形态特征：高10～30m；树皮灰黑色，深裂成方块状。叶椭圆形至长圆形，长6～12cm，先端渐尖或急尖。花淡黄色或淡红色，单生或簇生叶腋；花萼密生柔毛，4深裂，裂片卵形。浆果近球形至椭圆形，直径1～1.5cm，初熟时淡黄色，后则变为蓝黑色，有白蜡层。

棱角山矾

拉丁名: *Symplocos tetragona*
别名: 留春树、山桂花   **科属:** 山矾科山矾属

原产地: 原产我国江西、福建及湖南等地,东部各省有栽培。

　　常绿乔木。主干明显,枝叶繁茂。可孤植、列植或散植,是优良的庭院风景树种,也是良好的隔音和抗污染树种。喜光,稍耐阴,耐低温,较耐干旱、贫瘠。对土壤适应性强。对二氧化硫、一氧化碳、氟化氢等有毒气体具很强抗性。

形态特征: 高10~15m,树冠卵圆或广卵圆形。小枝黄绿色,具显著棱角。单叶互生,厚革质,长椭圆形,长15~25cm,先端急尖,缘有疏锯齿。冬季开花,腋生圆锥花序,花小、白色。核果长圆形,长约15mm,蓝黑色。

279

女贞

拉丁名：*Ligustrum lucidum*

别名：冬青、蜡树、女桢、桢木、将军树　　科属：木犀科女贞属

原产地：原产于我国，长江流域及以南地区广泛栽培。朝鲜有分布。

　　常绿灌木或乔木。四季婆娑，枝叶茂密，树形整齐，是园林中常用的观赏树种，可于庭院孤植或丛植，亦可作为行道树。喜光，亦耐阴，喜温暖、湿润气候，耐寒性好，耐水湿，但不耐瘠薄。对土壤要求不严，在深厚、肥沃、排水良好的土壤中生长最好。性强健，生长快，萌芽力强，耐修剪。对大气污染的抗性较强。

形态特征：高可达25m。枝条开展。单叶对生，叶革质而脆，卵形、宽卵形、椭圆形或卵状披针形，先端锐尖至渐尖或钝，全缘。圆锥花序顶生，花白色。核果矩圆形，熟时深蓝色。

同属常见栽培种：金叶女贞（*Ligustrum × vicaryi*），由加州金边女贞与欧洲女贞杂交育成，叶色金黄；红叶女贞（*Ligustrum quihoui f. atropurea*），新梢及嫩叶紫红色。

木犀

拉丁名：*Osmanthus fragrans*
别名：桂花、月桂　科属：木犀科木犀属

原产地：原产于我国长江流域及以南地区，现淮河流域及以南地区均有栽培。

　　常绿小乔木或灌木。桂花以花香而跻身于我国十大名花之一。开花时香气浓郁，清甜纯正，香飘数里，古人称其为天香。可在园林中孤植、丛植、对植、列植等。喜光，较耐阴，喜温暖，湿润，较耐寒，不耐干旱、瘠薄、畏淹涝积水。宜在土层深厚、排水良好、富含腐殖质的偏酸性沙质壤土中生长。为暖温带树种，开花季节喜日照充足，早晚冷凉。

形态特征：高 3～15m，树冠圆头形、半圆形。树皮粗糙，灰褐色或灰白色。叶革质，对生，椭圆形或长椭圆形，全缘或上半部疏生细锯齿。花簇生于叶腋，着生于 1～3 年生枝上，花冠裂片有乳白、黄、橙红等色，香气极浓。核果紫黑色。

洋白蜡

拉丁名: *Fraxinus pennsylvanica*

别名: 美国红梣   **科属**: 木犀科白蜡树属

原产地: 原产于北美洲。我国东北、西北至长江以北引种栽培。

落叶乔木。分枝多，成荫快，树冠宽广，对城市环境适应性强，宜用作行道树或工矿厂区绿化；也可于绿地中孤植作庭荫树。喜光，耐寒，耐旱，也耐水湿。对土壤要求不严，在弱碱性土壤上生长良好。耐烟尘，耐有害气体，生长快。不甚耐风，大枝易自残。

形态特征: 高20m，树冠卵圆形。顶芽尖头。叶对生，奇数羽状复叶，小叶7~9个，长圆状披针形、狭卵形或椭圆形，先端渐尖或急尖，叶边缘有不明显钝齿或近全缘。圆锥花序侧生于去年枝上；雄花与两性花异株，与叶同开放。翅果。

本种与白蜡树(*Fraxinus chinensis*)的区别是：本种的花序侧生于去年生枝上；后者的花序顶生或侧生于当年生枝上。

鸡蛋花

拉丁名：*Plumeria rubra* `Acutifolia`

别名：缅栀子、蛋黄花　　科属：夹竹桃科鸡蛋花属

原产地：原产于热带美洲。我国广东、广西、云南等热带地区栽培普遍。

　　落叶小乔木，鸡蛋花枝干古朴，花大而清香淡雅，叶大而冠型整齐、有序，观赏性极佳。适合于公园、校园、小区及庭院种植，可单植、丛植，也可片植。喜光，喜温暖、湿润的气候，不耐寒，耐干旱。不择土壤，野外常生于石灰岩地区，栽培以土质疏松、肥沃的沙质土壤为佳。

形态特征：株高3～5m。叶大，厚纸质，多聚生于枝顶。花数朵聚生于枝顶。花冠筒状，外面乳白色，中心鲜黄色，具芳香。花期5～10月。

花可制花茶，提取香料。在我国云南的西双版纳，鸡蛋花为佛教寺院"五树六花"之一，广泛种植。

同属常见栽培种：红鸡蛋花（*P.rubra*）、钝叶鸡蛋花（*P.obtusa*）。

283

红鸡蛋花

盆架子

拉丁名: *Alstonia scholaris*

别名: 糖胶树、灯架树、面条树　　科属: 夹竹桃科鸡骨常山属

原产地: 原产于亚洲至大洋洲热带地区。我国云南和广西南部有分布，在岭南地区栽培普遍。

　　常绿乔木。树干通直，树冠整齐，枝条轮生，似面盆架，叶色翠绿，遮荫度高，是优良的观叶、观姿树种。适合校园、庭院、小区栽植绿化，也适用于行道树。喜光，喜温暖、湿润气候，不耐寒。对土质要求不严，以肥沃、湿润的沙质土壤为佳。

284

形态特征: 高可达20m以上。具乳汁。枝叶均轮生，叶倒卵状长圆形、倒披针形至匙形，顶端微凹至尖。伞房状聚伞花序顶生；花白色。花期6～11月。蓇葖果线形，细长，两端具柔软缘毛。

乳汁可提取糖胶，是制口香糖的原料。树皮、枝、叶入药。果实线形，极似面条，又名面条树。

黄花夹竹桃

拉丁名: *Thevetia peruviana*

别名: 黄花状元竹、酒杯花、台湾柳、柳木子、相等子、断肠草

科属: 夹竹桃科黄花夹竹桃属

原产地: 原产于美洲热带、西印度群岛及墨西哥一带。我国台湾、福建、云南、广西和广东均有栽培。

常绿小乔木。花大、色艳，是美丽的观花树木，可用于公园、庭园的绿化观赏，孤植、丛植或植为绿篱均可，全株有毒。喜光，在庇荫处栽植，花少色淡，为热带树种，喜温暖、湿润，耐干热气候，怕涝，较夹竹桃更不耐寒。适生于肥沃、排水良好的沙质壤土中。

形态特征: 高4~5m。具乳汁。单叶互生，狭披针形，近革质，长10~15cm，全缘，叶表面亮绿色。聚伞花序有花2~6朵，顶生或腋生，或单生；花黄色，漏斗状，芳香。核果扁三角状球形，肉质。树液和种子有毒，误食可致命。

285

泡桐

拉丁名: *Paulownia fortunei*

别名: 白花泡桐、大果泡桐、空桐木、水桐　　**科属**: 玄参科泡桐属

原产地: 原产于长江流域及以南地区。淮河流域以南地区引种栽培

　　落叶乔木。树姿优美，花大美丽，是城市和工矿区绿化的好树种。喜光，喜高温，耐大气干旱，怕水淹，黏重的土壤上不适合。喜深厚、肥沃、疏松透气的土壤。速生树种，7～8年即可生成大树。

形态特征: 高达20m。假二杈分枝。单叶对生，叶大，长卵状心脏形或卵状心脏形，长达20cm，先端长渐尖或锐尖，全缘或有浅裂。具长柄，柄上有绒毛。顶生圆锥花序，由多数聚伞花序复合而成，花大，淡紫色或白色，花冠钟形或漏斗形。蒴果卵形或椭圆形。

同属常见栽培种: 兰考泡桐（*P.elongata*），叶下面被灰黄色或灰色星状毛，花序狭圆锥形，花冠浅紫色，蒴果外有细毛而无粘腺，不粘手；楸叶泡桐（*P.catalpifolia*），叶似楸树叶，下垂，全缘，花冠细长，淡紫色，蒴果较小；毛泡桐（*P.tomentosa*），干多低矮弯曲，树冠伞形，小枝、叶、花、果多长毛，花冠鲜紫色或蓝紫色，蒴果外被乳头状腺，粘手；台湾泡桐（*P.taiwaniana*），有乳汁，大型圆锥花序长达1m，花冠紫色。

台湾泡桐

兰考泡桐

楸

拉丁名: *Catalpa bungei*

别名: 梓桐、木王、金丝楸、旱楸蒜台、线楸、小叶梧桐　　　　**科属**: 紫葳科梓属

原产地: 原产于我国黄河流域以南各地，华北地区有栽培，近年来辽宁、内蒙、新疆等地引种试栽，均可良好生长。

　　落叶乔木。树体高大秀丽，姿态雄伟挺拔，花期，繁花满枝，随风摇曳，令人赏心悦目，是我国特有的珍稀用材和传统园林观赏树种。喜光，较耐寒，喜深厚、肥沃、湿润的土壤，不耐干旱，稍耐盐碱，较耐水湿，据试验，被水淹20天左右，仍能正常生长。萌蘖性强。寿命长，幼树生长慢，10年以后生长加快。有较强的消声、吸尘、吸有害气体能力。根系发达，属深根性，与农作物的根系基本错开，是最为理想的农田林网防护树种。

287

形态特征: 高达30m。小枝灰绿色。叶三角状的卵形，先端渐长尖，全缘，总状花序伞房状排列，顶生；花冠浅粉紫色，内有紫红色斑点。蒴果细长，种子矩圆形，扁平，两端有白色长毛。

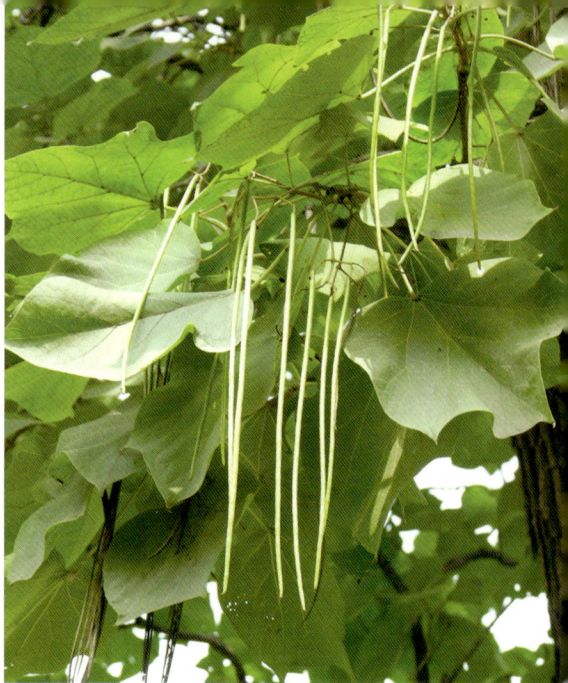

梓

拉丁名： *Catalpa ovata*

别名： 河楸、花楸、水桐、楸豇豆树、臭梧桐、大叶梧桐、黄花楸、木角豆

科属： 紫葳科梓属

原产地： 原产于我国长江流域及以北地区。

　　落叶乔木。树体端正，冠幅开展，叶大荫浓，春夏黄花满树，秋冬荚果悬挂，是具有一定观赏价值的树种。可作行道树、庭荫树以及工厂绿化树种。喜光，稍耐阴，耐寒，适生于温带地区，在暖热气候下生长不良。喜深厚、肥沃、湿润的土壤，不耐干旱和瘠薄，能耐轻盐碱土。深根性，生长迅速。抗污染性较强。

288

形态特征： 高15～20m。叶对生或轮生，广卵形或圆形，长宽几相等，3～5裂，先端渐尖。圆锥花序；花冠淡黄色或黄白色，内有紫色斑点和2黄色条纹。蒴果细长如豇豆。

梓树（含楸树）为黄河流域的传统优良树种，常于房前屋后种植，古代称皇后为梓童，桑梓为故里。同属常见栽培的种还有：黄金树（*Catalpa speciosa*），又名白花梓树，原产美国，现长江流域广泛栽培，北京、辽宁南部均可生长，圆锥花序顶生，花纯白色，长条形蒴果较粗。

黄金树

猫尾木

拉丁名：*Dolichandrone cauda-felina*
科属：紫葳科猫尾木属

原产地：原产于我国华南和云南南部。泰国、老挝和越南有分布。

　　落叶乔木。树冠浓郁，花大而美丽，果实奇特，具较好观赏价值，为岭南地区园林绿化的优良树种，可与其他树种搭配，散植于林中。热带树种。喜温暖、湿润，不耐寒，越冬不宜低于0℃，栽培以土层深厚、排水良好的沙质壤土为佳。

形态特征：高可达15m，奇数羽状复叶，长40～50cm，近对生；小叶11～13片，纸质，椭圆形，先端长渐尖。总状花序顶生；花大，直径10～12cm，花冠上部黄色，近喉部暗紫红色，漏斗状。蒴果圆柱状，悬垂，密被褐黄色绒毛，像猫尾巴。

蓝花楹

拉丁名：*Jacaranda mimosifolia*

别名：含羞草叶蓝花楹、蓝雾树、蕨树、巴西红木　　　　科属：紫葳科蓝花楹属

原产地：原产于巴西，我国华南有栽培。

　　落叶乔木。花极繁多，深蓝色或青紫色，布满枝头，极为壮观，为优秀的观叶、观花树种。世界热带、暖亚热带地区广泛栽作行道树、遮荫树和风景树。喜光，耐半阴，喜温暖、湿润，越冬不能低于3～5℃。喜肥沃、湿润的沙壤土或壤土。

形态特征：高可达20m。二回羽状复叶对生，叶大，羽片通常在15对以上，每一羽片有小叶10～24对，小叶椭圆状披针形，顶端急尖，全缘。圆锥花序顶生或腋生，花冠二唇形5裂，蓝紫色。蒴果木质，卵球形

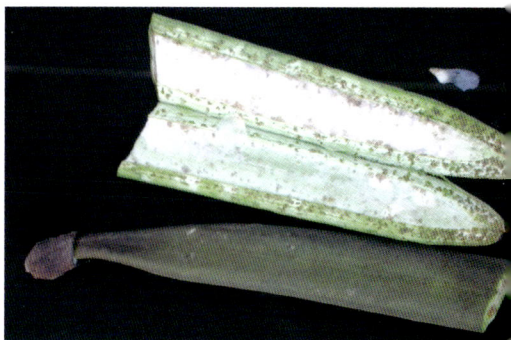

木蝴蝶

拉丁名：*Oroxylum indicum*
别名：千张纸、兜铃、大刀树、玉蝴蝶、破故纸、海船果心
科属：紫葳科木蝴蝶属

原产地： 原产于云南、广西、贵州及海南、广东和四川等地。

　　落叶小乔木。树冠宽广阴浓，果长大奇特，似船也似剑，种子似白色蝴蝶，是夏、秋季理想的观果植物。花晚间开放，有恶臭，不宜用于小区绿化。热带树种。喜光，耐半阴，喜温暖、湿润气候，稍耐寒，有霜冻地区不能露地越冬。

形态特征： 高6～10m。叶对生，大型（2～4回）羽状复叶，着生于茎的近顶端；小叶多数，卵形，顶端短渐尖，基部偏斜，全缘。总状花序顶生，长约25cm；花大，紫红色，两性。蒴果长披针形，扁平、木质。

291

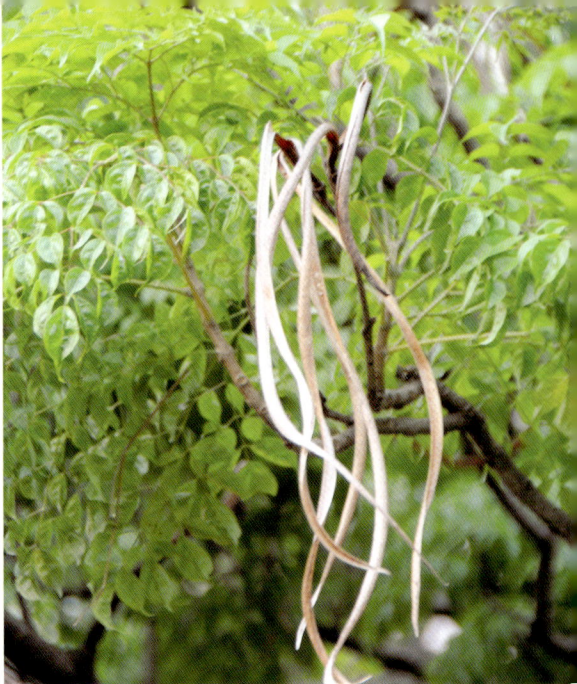

菜豆树

拉丁名：*Radermachera sinica*

别　名：蛇树、接骨凉伞、辣椒树、牛尾木、蛇仔豆、大朝阳、幸福树、麒麟紫葳

科　属：紫葳科菜豆树属

原产地：原产于热带及亚热带地区，我国华南及西南地区有分布或栽培。

　　落叶乔木。树干通直，叶、花优美，果长下垂，形似豇豆。适宜用作庭荫树或行道树栽植。喜光，喜高温、多湿，畏寒冷，忌干燥。栽培宜用疏松、排水良好、富含有机质的壤土和沙质壤土。

形态特征：高达15m。树皮浅灰色，深纵裂。2回至3回羽状复叶；小叶对生，呈卵形或卵状披针形，全缘。花序直立，顶生，长25～35cm；花冠钟状漏斗形，白色或淡黄色，蒴果革质，呈圆柱状长条形似菜豆。

幼树耐阴，可盆栽作室内观赏，但需放置于室内光照充足处。越冬温度，最低不得低于5℃。

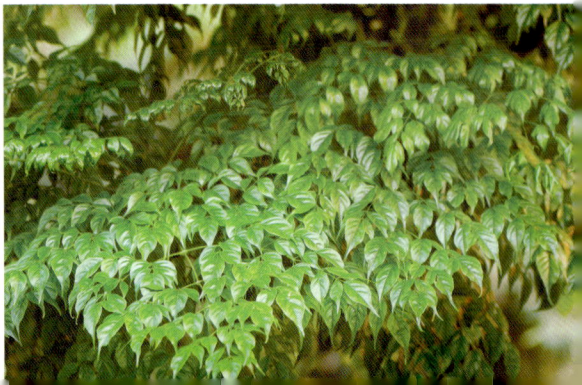

观赏棕榈

◉ 棕榈植物隶属于被子植物门单子叶植物纲，有乔木种类也有灌木种类，还有大型藤本植物。它们主要分布于热带地区。

◉ 它们的树干一般都不分枝，叶片常聚生于树干的顶端。乔木种类一般树干单生，灌木种类一般树干丛生。

◉ 它们的叶片大型，大都为掌状或羽状分裂，掌状分裂的如棕榈，羽状分裂的如椰子，也有少数例外。

◉ 它们的叶鞘常具网状纤维；许多小花排成穗状或圆锥花序，花序常由大型佛焰状苞片包被；核果或浆果，种子具丰富的胚乳。

花序

假槟榔

拉丁名：*Archontophoenix alexandrae*
科属：棕榈科槟榔属

原产地：原产于澳大利亚东部；我国华南及及西南地区有栽培。

　　常绿乔木。热带风情树种，可群植观赏，也可列植于宾馆、会堂门前，营造庄严肃穆的气氛，还可作城市道路的行道树。喜光，不耐阴，喜高温，耐寒力弱，耐水湿，亦较耐干旱。对土壤的适应性颇强，肥力中等以上的各类土壤均能生良好。抗风力强。

形态特征：高达20m。干有梯形环纹，基部略膨大。羽状复叶簇生干端；小叶2列，条状披针形，背面有灰白色鳞秕状覆被物，侧脉及中脉明显；叶鞘绿色，光滑。花单性同株，花序生于叶丛之下。果卵球形，红色。

槟榔

拉丁名：*Areca catechu*
科属：棕榈科槟榔属

原产地：原产于热带亚洲。我国海南以及广东、台湾、云南和广西的南部有栽培。

常绿乔木。皮似青桐，节如桂竹，树冠不大，叶似甘蕉，果实鲜红，园林应用宜群植于草地上，也可配植在建筑附近，主要表现其纤美、通直的茎干。喜光，幼苗需遮阴，喜高温、湿润气候，极不耐寒，温度低于16℃就有会落叶，低于5℃受冻害。耐肥，以土层深厚，有机质丰富的沙质壤土为宜。种子有果内后熟特性。

形态特征：高20～30m。单干型，较纤细，茎干有明显的叶环痕。叶1回羽状分裂，长达2m，羽片多数，两面无毛，狭长披针形，上部的羽片合生，顶端有不规则齿裂。花序生于叶下，分枝；雄蕊6枚。果实卵球形，长约5cm，鲜红色。

果序 花序

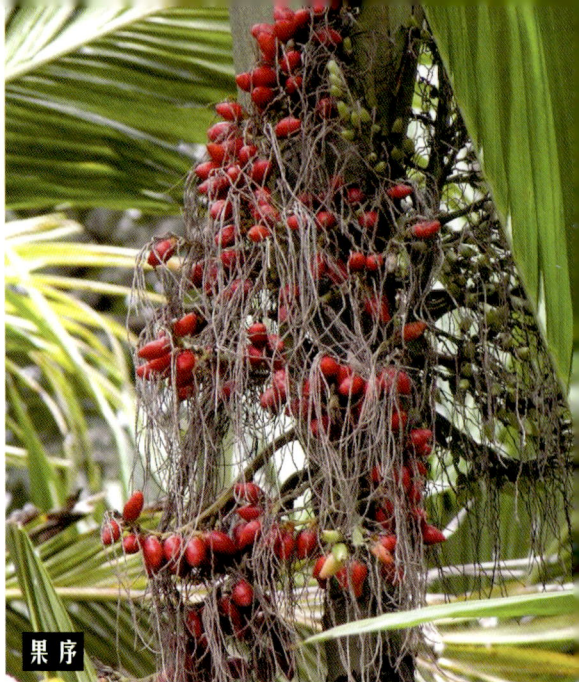

果序

三药槟榔

拉丁名：*Areca triandra*
科属：棕榈科槟榔属

原产地：原产于印度、马来西亚等热带地区。20世纪60年代引入我国，华南各地有栽培。

　　常绿丛生灌木至小乔木。通常由多干丛生，叶青翠浓绿，姿态优雅，果实鲜红，在翠绿的叶丛衬托下特别醒目，具浓厚的热带风光气息，是庭园、别墅绿化的良好材料，同时也是会议室、展厅、宾馆等豪华建筑物厅堂内优美的盆栽观叶装饰植物。喜半阴，全光照下生长不良，喜高温、湿润的环境，越冬最低温度应在5℃以上。喜疏松、肥沃的土壤。

296

形态特征：一般高2~3m，最高可达6m。茎绿色，间以灰白色环斑。羽状复叶，长1~2m，侧生羽叶有时与顶生叶合生。雌雄同株，肉穗花序，顶生为雄花，基部为雌花。果实橄榄形，成熟时鲜胭脂红色。

花序

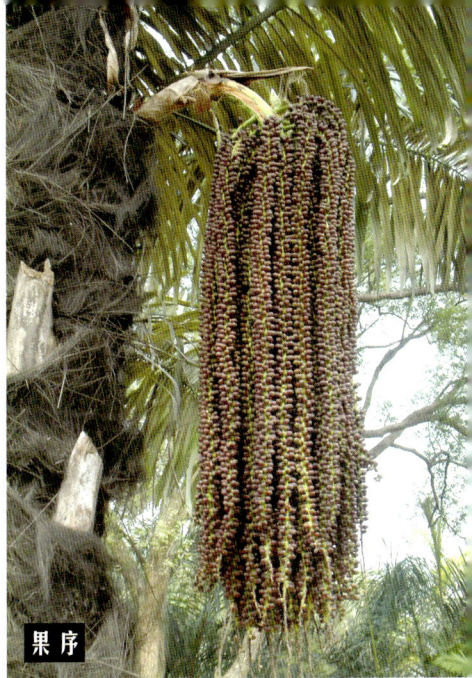

果序

桄榔

拉丁名: *Arenga pinnata*

别名: 砂糖椰子、糖树、糖棕　　　**科属**: 棕榈科桄榔属

原产地: 原产于马来西亚、印度。我国华南及西南地区有栽培。

　　常绿乔木。株型高大壮观，巨大的羽状叶片形成天然华盖。适合作行道树、庭荫树或园林风景树，丛植或孤植，或与景石配植均佳。喜温暖、湿润和背风、向阳的环境，不耐寒，幼苗期需较高温度。要求肥沃、疏松的土壤。开花后有短暂休眠。

形态特征: 高达12m，茎粗壮，不分枝，有疏离的环叶痕。叶簇生于茎顶，长6～7m，羽状全裂。圆锥花序腋生，总花梗粗壮，果倒卵状球形。

297

茎的髓心部富含淀粉，可制取西谷米，营养颇丰，是南亚土著民族的日常食物。

果序

布迪椰子

拉丁名：*Butia capitata*

别名：冻椰子　　**科属**：棕榈科冻椰属

原产地：原产于巴西南部及乌拉圭。我国南方各地有引种栽培。

常绿乔木。株形优美，是极受欢迎的行道树及庭园树，亦可盆栽。喜光，耐旱，耐寒，气候适应范围较广，从亚热带至温带均可栽培，是抗冻性最强的棕榈科植物之一，可耐 - 22℃干冷 2 周之久，并能适合海滨地区以及干旱地区种植。对土壤要求不严，但在疏松的壤土中生长最好。

形态特征：单干型，高 7～8 m，茎干灰色，粗壮，平滑，但有老叶痕。叶为典型的羽状叶，长约 2 m；叶柄明显弯曲下垂，叶柄具刺，叶片蓝绿色。

短穗鱼尾葵

拉丁名：*Caryota mitis*

别名：丛生鱼尾葵、酒椰子　　　　**科属**：棕榈科鱼尾葵属

原产地：原产于亚洲热带地区。我国广东、广西、福建、云南南部有分布。

　　常绿小乔木。树形丰满且富层次感，叶形奇特，叶色浓绿，在岭南地区园林中可于草坪中或建筑物旁点缀。国内更多的应用是室内绿化装饰。常以中小盆种植，摆放于大堂、门厅、会议室等场所。喜光，喜温暖，但具有较强的耐寒力，为较耐寒的棕榈科热带植物之一，越冬最低温度为3℃。

形态特征：高5~8m，聚生成丛，茎表面被微白色的毡状绒毛。叶长1~3m，二回羽状全裂，小羽片（小叶）斜菱形，似鱼尾，质薄而脆，内缘有齿裂，外缘全缘，花黄色，雄花的萼片顶端全缘，果小，球形，在小穗轴上排列紧密，熟时紫黑色。

花序

果序

果序

鱼尾葵

拉丁名：*Caryota ochlandra*

别名：孔雀椰子、假桄榔、面木、青棕　　科属：棕榈科鱼尾葵属

原产地：原产于亚洲热带、亚热带及大洋洲。我国华南、西南地区有分布。

　　常绿乔木。植株挺拔，叶形奇特，姿态潇洒，美丽壮观，富热带情调，适于园林、庭院中栽植；也可盆栽布置会堂、大客厅等场合。喜光，也耐半阴，忌强光直射和曝晒，喜温暖、湿润环境，耐寒力不强。要求排水良好、疏松肥沃的土壤。

形态特征：单干型，株高10～20m。茎绿色，表面被白色的毡状绒毛。叶大型，聚生于茎顶，芽时向内折叠，二回羽状全裂，叶片厚，革质，大而粗壮，上部有不规则齿状缺刻，先端下垂，酷似鱼尾。花序最长的可达3m，花3朵簇生，肉穗花序下垂，雄花的萼片顶端非全缘。果球型，成熟后紫红色。

董棕

拉丁名：*Caryota obtusa*

别名：酒鱼尾葵、孔雀椰子　　科属：棕榈科槟榔属

原产地：原产于亚洲热带。我国广西、云南有分布，华南地区引种栽培。

　　常绿乔木。植株高大，树形美观，叶片排列十分整齐，适合于公园、绿地中孤植利用。喜光，喜高温、湿润，较耐寒。要求疏松肥沃、排水良好的土壤。约20年开1次花，寿命约为40~60年。

形态特征：单干型，高5~25m。茎黑褐色，表面不被微白色的毡状绒毛，茎中下部常膨大如瓶状，具的环状叶痕，叶聚生于顶部，二回羽状复叶，长5.5~6.6m，叶鞘、叶柄及叶轴上被黑褐色糠秕状鳞片，穗状花序长达2.5m以上，下垂，花极多，雄花的萼片顶端非全缘。浆果状核果，熟时深红色。

髓心富含淀粉，可制西谷米，嫩茎可食用，味道比茭白更好，在野外常被大象取食，破坏，现已渐危，被国家定为2级保护植物。

301

贝叶棕

拉丁名： *Corypha umbraculifrea*

别名： 吕宋糖棕　团扇葵　　**科属：** 棕榈科贝叶棕属

原产地： 原产于缅甸、印度及斯里兰卡热带地区。我国西双版纳早年引种，已归化。现我国华南、东南及西南各地有引种。

常绿乔木。树冠像一把巨伞，叶片宽大，像手掌一样散开，给人一种庄重、充满活力的感觉，是热带地区优良的园林绿化树种。可列植为行道树，也可丛植观赏。热带树种。喜光，幼树喜半阴，喜温热、湿润环境，不耐寒。喜深厚、肥沃的沙质壤土。

形态特征： 单干型，高18~25m，下部叶柄(鞘)残基粗厚，上部叶柄(鞘)残基常拥?字形开裂。叶厚革质，长1.5~2m，掌状深裂，裂片80~100，中央裂片披针形或长线状披针形，长60~100cm。顶生、大型、直立的圆锥形花序。果球形　内含种子1粒。寿命35~00年，一生只开一次花，开花结实后死去。在印度和我国云南西双版纳有用其叶刻经文的习俗，"贝叶经"可保存数百年而不腐烂，故常栽培于寺庙前，为小乘佛教礼仪树种。

果序

椰子

拉丁名: *Cocos nucifera*
科属: 棕榈科椰子属

原产地: 原产地不详,现广植于全球热带沿海地区,尤其以热带亚洲为多。我国福建、广东、海南、台湾和云南南部栽培较多。

　　常绿乔木。干苍翠挺拔,果实集于干顶,有时多达百枚以上,是热带地区著名的风景树。适于热带海滨造景,宜丛植、群植,也可作行道树、绿荫树和海岸防风林材料。喜光,喜高温、高湿的热带沿海气候,不耐干旱。喜排水良好的深厚沙壤土。根系发达,抗风力强。

形态特征: 单干型,高15~25m。树干有环纹和叶鞘残基。羽状复叶数可达30,簇生主干顶端,长达5~7m。花单性同序,肉穗花序由叶丛中抽出,多分枝,雄花着生中上部,雌花着生生中下部。坚果、椭圆形或近球形,成熟时褐色。

椰果壳由外皮、纤维层和坚硬的木质层3层组成,成熟的椰果能在海水中漂洋过海,直到被冲上沙滩,发芽生长成大树。果腔里又分果肉和椰汁,果肉可食,椰汁是可口的饮料。

花序

三角椰

拉丁名：*Dypsis ecaryi*
别名：三角椰子桐、老人棕　　科属：棕榈科马岛棕属

原产地：原产于马达加斯加。我国广东、广西、福建、海南、台湾等地引种栽培。

　　常绿乔木。株形奇特，适应性广，既耐寒又耐旱，寿命长达数十年，既可作盆栽用于装饰宾馆的厅堂和大型商场，也可孤植或数株点植于草坪或庭院之中，观赏效果极佳。喜光，较耐阴，喜温暖、湿润环境。喜深厚、疏松、排水良好的土壤。生长适温为22～28℃；长期0℃以下叶片会受冻变黄；可耐短时间－5℃低温。

形态特征：高达10～15m。茎干圆柱形。羽状复叶整齐地排成三列，故在茎干还未露出时，由叶鞘包裹的植株基部呈三角状，就像是具有三角形的茎干；小叶细线形，长3～5m，浅灰蓝色。雌雄同株，果实褐色。

花序

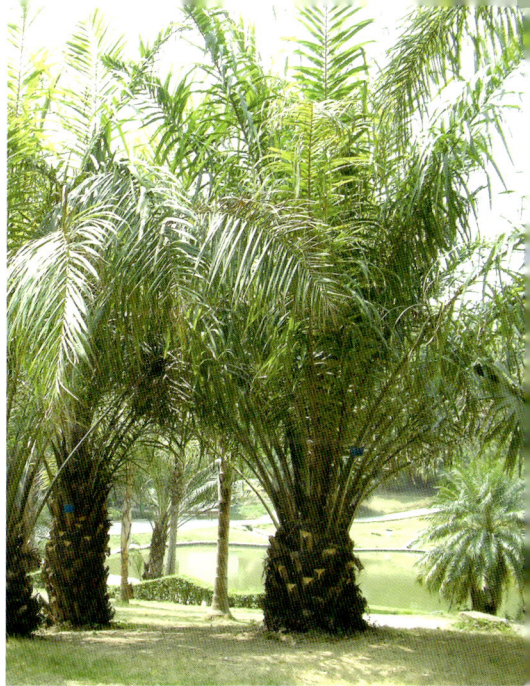

油棕

拉丁名: *Elaeis guineensis*
科属: 棕榈科油棕属

原产地: 原产于热带非洲。我国广东、广西、福建、云南、台湾有栽培。

常绿乔木。植株高大，树形优美，可作园景树、行道树。果肉、果仁含油丰富，是重要的热带油料作物。喜光，喜高温、湿润环境。年平均温度24～27℃，年降雨量2000～3000mm，分布均匀，每天日照5小时以上的地区产油量最高，温度不够则影响开花、结果，但不影响园林观赏。喜肥沃、深厚、pH5～5.5的土壤。

形态特征: 单干型，高4～10m。叶基宿存。叶羽状全裂，长3～6m，羽片条状披针形；叶柄及叶轴两侧有刺。花单性，同株异序。果卵形或倒卵状，聚成密集果束，生于叶腋，熟时黄褐色。

果序

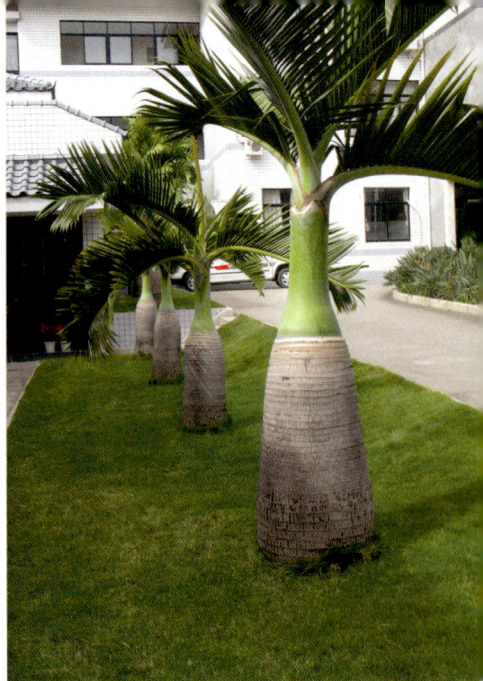

酒瓶椰子

拉丁名：*Hyophorbe lagenicaulis*
科属：棕榈科酒瓶椰属

原产地：原产于非洲马斯克林群岛。我国台湾、广西、海南、广东、福建等地有引种栽培。

　　常绿乔木。株形奇特，干形似酒瓶，是一种珍贵的观干植物。既可盆栽用于装饰宾馆的厅堂和大型商场，也可孤植于草坪或庭院之中，观赏效果极佳。中度喜光，喜高温、多雨气候，越冬需在10℃以上，短时极端最低温度3℃，耐旱，但如土壤太干旱会出现叶尖干焦，影响观赏价值。耐盐碱，可直接栽种于海边。生长慢，20多年树龄才开花，开花到果熟需18个月，寿命长达几十年。

形态特征：单干型，树干短，肥似酒瓶，高可达3m以上。羽状复叶，小叶披针形，40～60对，叶鞘圆筒形。肉穗花序多分枝，油绿色。浆果椭圆，熟时黑褐色。

果序

花序

蒲葵

拉丁名： *Livistona chinensis*

科属： 棕榈科蒲葵属

原产地： 我国原产于华南。日本琉球群岛和东南亚有分布。我国长江流域及以南各地常见栽培。

　　常绿乔木。树形美观，叶片大而扇形，婆娑可爱，是热带、亚热带地区优美的庭园树种，可供行道树、庭荫树之用。喜光，略耐阴，喜高温、多湿气候，耐寒能力差，能耐短期0℃低温及轻霜。喜湿润而富含腐殖质的黏壤土，能耐一定的水涝和短期浸泡。虽无主根，但侧根异常发达，密集丛生，抗风力强。

形态特征： 单干型，高达20m，树冠伞形。树干密生宿存叶基。叶阔肾状扇形，宽1.5～1.8m，掌状浅裂或深裂，裂片条状披针形，顶端长渐尖，下垂；两侧有钩刺。雌雄同株，肉穗花序排成圆锥花序式，腋生，分枝多而疏散；花两性，黄绿色。核果椭圆形至近圆形，成熟时亮紫黑色。我国南方民间喜用蒲葵叶作的扇子，称蒲扇。

加那利海枣

拉丁名：*Phoenix canariensis*

别名：加那利刺葵、长叶刺葵、加鸟枣椰　　科属：棕榈科刺葵属

原产地：原产于非洲加拿利岛。我国华南、东南、西南等地有引种栽培。

　　常绿乔木。适于在长江流域及以南地区庭园栽培，供观赏或作行道树。喜光，耐旱，耐盐碱，喜通风，不耐长期土壤水湿，耐寒，能耐短期－12℃低温。在上海、杭州、重庆、长沙等地，均可栽培；我国北方需盆栽，冬季于保护地越冬。

形态特征：单干型，高15～20m。干上有叶柄（鞘）残基。叶多数，聚生茎端，近端下部叶常呈水平展开，羽状全裂，中轴基部羽片呈针刺状。花小，橙黄色。果长椭圆形，熟时橙色或淡红色。

果序

银海枣

拉丁名: *Phoenix sylvestris*

别名: 野海枣、林刺葵　　科属: 棕榈科刺葵属

原产地: 原产于印度、缅甸。我国东南沿海各地有引种栽培。

　　常绿乔木。植株高大雄伟,叶银灰绿色,可孤植作景观树,或列植为行道树,应用于住宅小区、道路绿化、庭院、公园造景等效果极佳,为优美的热带风光树。也是优良的室内盆栽植物。喜光,喜高温、湿润气候,耐水淹、耐干旱,较耐霜冻,冬季低于0℃易受害。对土壤要求不严,但以肥沃、排水良好的有机壤土最佳,耐盐碱。生长快速。

形态特征: 单干型,高10~16m。茎干粗壮,具有宿存的叶柄基部。叶顶丛生,羽状全裂,羽片密而伸展,大型羽状叶片向四方开张,叶长3~5m,下部针刺状,雄花白色;雌花橙黄色。

309

果序

大王椰子

拉丁名：*Roystonea regia*
科属：棕榈科槟榔属

原产地：原产于热带美洲，世界热带广为栽培。我国华南和西南地区园林中常见。

　　常绿乔木。树姿高大雄伟，茎干光滑并具有明显的环状叶痕，整个茎干呈优美的流线型，是一种极为优美的棕榈植物，适于园林中主要道路两旁列植或对植，也可用于水边、草坪等处丛植。喜光，幼树稍耐阴，喜温暖，耐寒力较差，安全越冬温度为 10～12℃，不耐瘠薄，耐干旱，较耐水湿。喜深厚、肥沃的酸性土。根系发达，抗风力强。

形态特征：高 10～29m。茎具整齐的环状叶鞘痕，幼时基部明显膨大，老时中部膨大。叶聚生茎顶，羽状全裂，裂片条状披针形，叶鞘长，紧包茎干。肉穗花序二回分支，排成圆锥花序式，有佛焰苞 2枚。果近球形，红褐色至淡紫色。

果序

金山葵

拉丁名：*Syagrus omanzoffiana*

别名：皇后葵、皇后椰、女王椰子　　科属：棕榈科金山葵属

原产地：原产于巴西、乌拉圭、阿根廷、玻利维亚等国。我国华南热带、亚热带地区引种栽培。

　　常绿乔木。树干挺拔、庄严；簇生在顶上的叶片，细长、浓密，如蓬松的羽毛，似皇后头上的冠饰而得名。可作庭园观赏树或行道树，亦可作海岸绿化材料。喜光，较耐阴，喜温暖、湿润环境。喜深厚、疏松、排水良好的土壤。其生长适温为22～28℃；可耐短时间0℃以下低温；若长时期低于5℃，则会受到冻害。

形态特征：高达15 m。树皮灰色，树干表面布满不对称的环状条纹。羽状复叶，长2～5 m，呈光亮深绿色；叶绕轴心生出，分布较为凌乱；小叶多而密，细长，叶端尖，成多行排列，长约70 cm，叶柄及叶背披有容易脱落的绒毛。花单性，雌雄同株，细小，黄色，聚生成穗状花序。干果卵球形，熟时橙黄色。

花序

棕榈

拉丁名: *Trachycarpus fortunei*
科属: 棕榈科棕榈属

原产地：原产于亚洲，以我国为分布中心，长江流域及其以南各地普遍栽培，是世界上最耐寒的棕榈科植物之一。

　　常绿乔木。树姿优美，最适丛植或群植，列植为行道树也甚为美丽。是可展现热带风光，而分布最北，最普通的棕榈科植物。长江以南地区为村落中常见栽培的乡土树种。喜光，亦耐阴，喜温暖、湿润，亦颇耐寒。喜排水良好，湿润、肥沃的中性、石灰性或微酸性黏质壤土，耐轻度盐碱。浅根系，须根发达，生长较缓慢。

形态特征：高达15m。树干常有残存的老叶柄及其下部黑褐色叶鞘。叶形如扇，径50～70cm，掌状分裂至中部以下，裂片条形，坚硬，叶柄两侧具细锯齿。花淡黄色。果肾形，熟时黑褐色。

丝葵

拉丁名： *Washingtonia filifera*
别名： 华盛顿椰子、裙棕、老人葵　　　**科属：** 棕榈科棕榈属

原产地： 原产于美国及墨西哥。我国长江流域以南地区有栽培，以福建、广东等地较多。

常绿乔木。树冠优美，叶大如扇，四季常青，叶裂片间特有的白色纤维丝，犹如老翁的白发，奇特有趣。宜孤植于庭院中观赏或列植于大型建筑物前、池塘边以及道路两旁。喜光，亦耐阴，喜温暖、湿润环境。喜湿润、肥沃的黏性土壤。抗风、抗旱力均很强，也能耐一定的水湿与咸潮，能在沿海地区生长良好。

形态特征： 高达20m。茎近基部略膨大，向上稍细，茎干灰色。叶掌状中裂，圆扇形，叶径达1.8m，裂片50～80枚，先端2裂，裂片边缘及裂隙具永存灰白色丝状纤维，先端下垂；叶柄淡绿色，略具锐刺。花序多分支。核果，椭圆形，熟时黑色。

313

中文名索引

315

拉丁名索引

索　引